绳子、尺子和影子

奇妙的
几何之旅

[美] 朱莉娅·E.迪金斯 著　　[美] 科里登·贝尔 绘　　其星 译

长江出版传媒　长江文艺出版社

图书在版编目（CIP）数据

绳子、尺子和影子 ： 奇妙的几何之旅 ／（美）朱莉娅·E.迪金斯著 ；其星译 ；（美）科里登·贝尔绘.

武汉 ： 长江文艺出版社，2025. 7. -- ISBN 978-7-5702-3661-9

Ⅰ. 018-49

中国国家版本馆 CIP 数据核字第 2024NY2035 号

图字：17-2023-086

绳子、尺子和影子 ： 奇妙的几何之旅

SHENGZI CHIZI HE YINGZI : QIMIAO DE JIHE ZHILǓ

责任编辑：黄柳依　　　　　　　责任校对：程华清
设计制作：格林图书　　　　　　责任印制：邱　莉　胡丽平

出版：长江出版传媒　长江文艺出版社
地址：武汉市雄楚大街 268 号　　　邮编：430070
发行：长江文艺出版社
http://www.cjlap.com
印刷：武汉科源印刷设计有限公司

开本：880 毫米×1230 毫米　　1/32　　印张：5.375
版次：2025 年 7 月第 1 版　　　2025 年 7 月第 1 次印刷
字数：89 千字

定价：35.00 元

目　录

开场白

三个绝妙的工具

绳子、直尺和阴影，我们很容易在任何地点找到这三样东西；我们常常可以在孩子的口袋里找到绳子；在书桌抽屉里就能发现直边；阳光明媚的日子里，阴影常伴左右。

古人仅仅利用这三个很棒的工具，在二十多个世纪前就创立了初等几何的思想和结构。这一切都是通过绳子、直尺和阴影完成的。而这就是这本书的主题。

如今，人们建造横跨大海的桥梁。他们制造出了速度比音速还要快六倍的飞机，在海底就能环绕地球的潜艇，能飞出地球、到达外太空的导弹。他们勘探的油井深度超过了珠穆朗玛峰的高度。他们利用微小原子的力量，将人类送入了环绕地球的轨道。但在这些现代奇迹的背后，隐藏着一段充满冒险和奋斗的悠久历史。

古往今来，人们一直在探寻宇宙的秘密。随着这些秘密不断被揭开，它们被写在数学符号中。今天，人们仍然在不断探索这些秘密：宇宙之谜仍在被一步步揭开。即使是帕洛马山上的巨大望远镜，也只是一扇通向广阔未知世界的小窗户，当我们最终前往月球和行星时，那儿还会有一片更广阔的世界等着我们去探索。在这个永不停息的探索过程中，数学始终是最初的那把钥匙。

很久很久以前，原始人观察到了大自然中的线条、曲线和其他各种形式。他们为之惊叹，并尽可能地想将它们复制出来。

然后，在历史的黎明时期，需求出现了，人们学会了准确地构建这些线条、曲线和图形。他们用绳子画一个圆，画一个直角，画一条直线。他们将任何可以画直线的东西当直尺来用。他们逐渐意识到，阴影是太阳在地球上的笔迹，用来揭示宇宙秩序的秘密。

通过使用这些容易找到的工具，早期的文明人学会了如何判断时间和方向。他们设计了自己的住宅、寺庙和坟墓，规划了自己的田地，并修建了灌溉的沟渠。他们开始测量和记录太阳、月亮和恒星的轨迹行程。他们找到了引导自己穿越大海和无边无际的平原的方法。

因此，在数千年的时间里，近东的古代人民创立了一种实用的艺术，这就是后来人们所知的几何——从 geo（地球）到 metria（测量）。

然后，其他民族的人——希腊人，将工具转变为规则。

有思想的人开始质疑和怀疑，提出许多"为什么"。他们仍然是实用主义者，但他们也对直线、曲线和角度的抽象规则感兴趣。

几个世纪以来，许多人都在努力制定这些规则。一些人研究了美丽的几何形状，并试图将它们与数字结合成宇宙的模型。其中一个人解决了有实用价值的机械问题，例如如何将水从泄漏的容器中抽出来。其他人则研究"无用的"谜题，真正的脑筋急转弯。

理论几何学从他们的工作中诞生了。

希腊几何学家拓展了逻辑思维方式。他们发现地球是一个球体，并测量了这个球体的周长和轴的倾斜度。他们发现了曲线的特性，他们称之为椭圆、抛物线、双曲线和螺旋线，这些曲线在几个世纪后被认为是物体在太空中的运行路径。他们帮助奠定了现代科学和发明的基础。

但这一切花费了令人难以置信的长的时间，过程进展得也非常、非常缓慢。如今，我们生活在一个高速的时代：在旧款的汽车和手机被用坏之前，新款的、更完美的汽车和手机就已经出现了。因此，人们可能很难意识到这些古老的发现花了多长时间。

数千年来，数十亿人类在地球上生活，只有少数人对几何的发展做出了贡献。在他们故事的早期，许多"事实"都不见了。在最遥远的时期，我们已经找不到任何有关这一切的记录了，有时我们只有一个名字或一段传说。

因此，在这本书中，我们将尝试着讲述一个故事——只保

留了最精彩的部分、最好的角色、最具戏剧性情节的故事。

这是在古代世界里发生的有关几何的激动人心的故事,从最早的史前人类到数学史上最畅销的著作——欧几里得的《几何原本》。这个故事充满了惊奇、冒险和魔法。

当你阅读它的时候,你也会发现这是一个永恒的故事,因为古老的发现在今天仍旧非常鲜活。所有这一切都是通过绳子、直尺和阴影这三种奇妙的工具实现的。

开　端

几何与自然

1. 第六感

如果我们追溯几何本身最深的根源，那么我们可以追溯到很久以前发现它的工具，甚至可以追溯到第一个原始人出现之前。事实上，它可以追溯到自然和生活，以及我们每个人的"第六感"。

这种神秘的能力可以被称为与生俱来的数感。

因为我们都是这个巨大宇宙的一部分，受其规律的约束，我们对它的秩序和美有着天生的敏感。所有的人都在思考宇宙，他们利用自己天生的敏感将这些秩序和美转化为数学语言。

你可以从自己的亲身经历中理解这种敏感。当你摇晃拨浪鼓并识别它的节奏，或者在游戏围栏里滚动球并注意到几何形状的特征时，你的数学之旅就开始了。

诗人也必须衡量一行诗的节拍，以及行与行之间的相关节拍。他们不仅要根据词义和押韵来判断词语，还要顾及词语中的音节数和重音强度。

当你第一次意识到白天和黑夜遵循着永恒不变的模式这一事实时，你便体验到了宇宙的秩序感。

所有生物都明确感受到这种秩序，并有一种自然而生的

数感。

鸟类、蜜蜂、鲸鱼和海豹都具有天生的方向感和距离感。为什么一群鸟成角度飞行，鸭子一家以同样的角度沿着小溪划水？鸟类是如何随着季节变换来回飞行，并找到同一个栖息地的？蜜蜂是如何引导彼此找到蜂蜜的？它们从未学习过航海科学，但它们似乎知道如何导航。

同样地，它们所建的巢穴也表现出一种形式感。蜜蜂用最有效的空间填充方法构建了它们的六边形蜂巢，但它们从未学习建筑。蜘蛛会编织一张几乎完美的螺旋状网，但它们从未学过工程学。极少鸟类在筑巢时不遵守巢穴结构的对称原则。所有动物似乎都知道直线是两点之间最短的距离，就好像它们体内原本就装有某种特殊的仪器。

我们人类的体内似乎也装有这种特殊的测量仪器。一个天然的指南针能够提高我们的方向感。对重量的感觉使我们不想举起太重的物体。对称感引导我们挂好一幅画、铺正一块桌布或床单。当我们听音乐时，一种自然的节奏感会让我们想要轻轻跺脚或跳舞。

我们中的一些人也在工作中培养了这种特殊的意识。

例如，艺术家是天生的数学家，因为美的秘密在于秩序。在构图中，艺术家必须不断地比较尺寸和距离，以确定它们之间的关系。他们必须把图形和空距在平坦的矩形画布上统一起来。因此，他们必须对从浅色到深色的色调值、对比度和色彩强度做出精准判断。

音乐家也会直观地利用数学。他们必须合上拍子，或者让一个指挥家为他们做这件事。他们必须知道音符的长短，他们必须判断音符的响度或柔和度，以及音长需要维持多久。钢琴家必须用手指来感受自己触键的速度和力度。

舞者呢？芭蕾舞剧的整个计划和执行都是基于惊人精确的时间安排、动作和场景，而所有这些又都需要与管弦乐队的乐曲节奏相契合。

诗人也必须衡量一行诗的节拍，以及行与行之间的相关节拍。他们不仅要根据词义和韵律来选择用词，同时还要参考词的音节数和重音位置。

正如你所见，有些人已经发展出了"第六感"。但在我们所有人的内心深处，都有一种与宇宙自然秩序相适应的自然数感。我们都喜欢秩序和和谐。我们喜欢事物的比例；当它们看起来不成比例时，我们会设法将它们纠正过来。

正是源于这种内在的感觉——我们对宇宙秩序与和谐的感知——几何学才真正诞生。

2. 来自宇宙美术馆

几何是什么时候开始的，是如何开始的？谁第一次发现了我们称之为简单几何形式的线条、曲线和形状？

这些几何形式是由最早那些在地球上游荡的人类发现的，对于他们来说，这些是在自然界——宇宙的广阔美术馆中随处可见的形态。

让我们在想象中穿越数万年，回到第一批人类独自或成群结队在地球上游荡的时刻。这些地球未来的主人，他们仍然畏缩在恐惧中。所有伟大的秘密和神奇的资源都被封印起来了，等待着发现的钥匙去将它们开启。

他们躲避闪电。他们被大自然看似盲目无情的力量吓坏了。他们认为，随着白天越来越短，太阳越来越低，白天会永远消失，独将他们留在寒冷的黑暗中。

于是他们蜷缩在宝贵的火堆旁边。

火——这是人们从大自然中揭示的第一个伟大秘密。史前人类悉心守护着闪电击中树木引发的火团，并学会了自己生火。但这并没有消除他们对太阳即将熄灭的恐惧。这是所有原始人共有的恐惧，他们创造出来的各种仪式和祭祀，都是为了呼唤太阳回归。

渐渐地，太阳回归带来的温暖和光明令他们精神振奋。直到这种循环一次又一次地发生了几个世纪，他们才开始对太阳这种固定的运行模式充满信心。

慢慢地，他们开始理解自然中的节奏感、和谐感和秩序感。惊奇和新发现逐步将恐惧取代。

然后，他们开始倾听风的音乐，雨的节拍。在温暖的夜晚，他们听到昆虫的歌唱声和青蛙的交响曲。他们注意到了自己心跳和呼吸的节奏。

他们开始观察线条。锯齿状的闪电很可怕。但他们从遥远的地平线的线条中感受到了宁静的和平，就像他们躺下睡觉时自己身体所处的位置。他们欣赏一棵又高又直的树，就像他们站起来时自身的姿态。他们在枯萎树干的弯曲中看到了悲伤，在腾空而起的云朵线条上看到了轻盈。

对于那些在恐惧中跋涉于奇妙的宇宙美术馆中的早期人

类来说，到处都是新的发现和令人赞叹的惊喜。

在我们了解几何是如何从这些发现中产生之前，你可能想亲自参观这间美术馆。环顾美术馆四周，你会发现圆形、直角、三角形、正方形、五边形、六边形和螺旋形，这些都是大自然在天空、大地和海洋中的美丽呈现。

请凝视浩瀚的夜空！秩序战胜混乱，这是我们都能感受和欣赏到的最伟大的自然法则：在外太空，遥远的星系——巨大的星团——以螺旋状展开。离我们更近的地方，行星绕太阳在椭圆形轨道上运行。流星以抛物线的形式冲向我们的大气层。不仅肉眼观察到的是这样，通过望远镜和高速计算机展现出来的也是这样。

我们也能通过显微镜感受晶体的繁复之美！几个世纪以来，在地表之下，在巨大的热量和压力下，矿物一直在凝固成晶体。晶体是矿物世界的花朵：它们通过在自己身上构建与自身相同的材料来"生长"。通过观察晶体构成，人们可以将不同的矿物识别出来。不管大的还是小的，规则的还是不规则的，所有特定矿物的晶体都具有相同的内部晶格结构以及面、轴关系。

你见过石英晶体吗？它们是由六面（或六边形）棱锥覆盖的六角锥。如果你把一个晶体捣成粉末，然后把粉末放在溶液中再结晶，得到的晶体会呈现相同的形状：一个六角棱柱，上面覆盖着一个六角锥！

这是为什么？大自然总是倾向于简单的几何形状。这些都是内部结构和外部对称的普遍规律的结果：塑造泪珠的力量与塑造恒星的力量是相同的。

这些力在生物的几何结构中无处不在地发挥着作用。

你是否曾在早春的森林和田野里漫步？林地里盛开着鲜嫩的三角形三瓣延龄草、方形的白垩白四瓣山茱萸和五边形的山月桂。果树上开满了五瓣花。如果人们弯下腰来近距离观察地表，他们可以看到绽放的微小的蕨类植物，

它们顶部呈精致的螺旋状，藤蔓上还有螺旋状的卷须。

你在一片草地上漫步，草地上长满了五瓣毛茛和圆形的蒲公英。如果你摘了一朵蒲公英，停下来想想它的美丽——从植物的螺旋生长到盛放种子的薄纱球体。

重新看看花园。百合、鸢尾花和琼菊的花蕾开出六瓣的六边形花朵。你有没有注意到，当彩色花瓣呈螺旋状展开时，玫瑰花蕾底部的绿色"花瓣"——萼片延展成五角星形？如果你想看到像任何女王裙子上的蕾丝一样美丽的蕾丝，请用一本书夹住"安妮女王"的蕾丝状花朵。

研究水果和蔬菜！把黄瓜切片，你会发现有三部分的种子。把一个青椒切片，你会发现有四部分。把洋葱切成薄片，洋葱片就会呈圆形散开来。横切一个苹果，你会发现种子卡在一个五角星里。

最棒的是，用全新的眼光去观察海滨。如果你正在收集贝壳，请检查小海螺外壳上的螺旋——它似乎是小海螺被卷

起的巨大旋转波浪打到海滩上形成的！

你有没有留意过海胆壳？它是一个非常精致的白色圆盘。仔细观察，你会在一面看到一朵小小的五瓣花，而在另一面则会看到一朵更大的花一直延伸到圆盘的边缘。

如果你曾在浅浅的海浪中看到过海星，你肯定会注意到大多数海星都是五角形的。你有没有见过海胆用像松针一样的小触手紧紧地附着在岩石上？把它晾干，把针状物刷掉，你会发现这个小小的圆顶壳上有着五瓣状的图案。当你准备从码头潜入八月海湾温暖的水中时，你肯定不会乐意看到海荨麻或水母。但请稍作停留，在你用网把它捞出水面之前，请仔细观察一下它那精美的花纹和结构。

在大自然中到处都能看到我们称之为"简单几何形状"的图案。这些形状似乎无穷无尽。圆的简单分割，如三等分、四等分、五等分和六等分，在大自然的构造中呈现出无穷无尽的变化和美丽。因为在大自然的秩序法则中存在着变化，秩序是整体的，但各自在细节上又具有独特性。

我们再来看看雪花。这些六瓣的冰花是在高空由风和寒冷的力量锤炼而成。雪花总是六边形的——这是它们的规律——但每一朵雪花又都各不相同。所以规律之中蕴含着自由。正是对规律中变化的研究，使得数学如此迷人，但也绝非易事。因为数学超越了简单和熟悉，进入了抽象和想象的领域。

这些都是大自然中值得观察的奇观和规律。我们需要有人提醒我们注意这些，因为我们已经与大自然有些脱节了。

但原始人与大自然及其力量的关系极为密切，甚至已融入其中。他们强烈地感受到大自然的神奇之处。所以早期人类正是从宇宙这个巨大的艺术画廊中，学到了他们在石器时代所使用的几何知识。

3. 石器时代的秘密

石器时代的人类——把石头削成碎片用来打磨工具的史前人类——通过使用几何图形来实现两种伟大的目的：在技术上，使生活更轻松；在艺术上，令自己更愉快。为了达到这两个目的，他们都巧用了存在于大自然中的几何秘密。当一棵树掉到地上时,他们感觉到它倾斜的线条有一种迅捷的运动感。如果它斜倒在另一棵树上，他们就会感觉到它像支架一样的力量。他们推开一块巨石时，感受到自己倾斜姿势的力量。他们意识到，沿着水平地面推石头比把它推上山更容易，他们也觉得把石头推下山是件轻而易举的事。

他们注意到了成角度飞行的鸟群。他们也注意到了顶部绑起来的三根棍子做成的三脚架极具稳定性。

他们注意到曲线也有大用处。一根圆木自己就能滚动起来。

早期的人类开始发现线条和力的秘密。他们将这些在自然界中发现的秘密用在许许多多的地方：建造自己的家园，制作尖锐的箭头和楔形的斧头，制作原木滚筒。他们甚至把从地面到高处的洞穴口的道路上也铺满了木板。

几何的用处多得惊人，与此同时，它也具有装饰性。

人们注意到天空在夜晚被星星装饰着，在白天被翻滚的云朵装饰着。大地上到处都是连绵起伏的山丘山峰、蜿蜒曲折的河流、花草树木、静湖倒影和移动的阴影。在海边，泡沫覆盖的浪花伴随着有节奏的咆哮，沿着海滩呈扇形卷曲起来又展开。鸟类、花卉、爬行动物、鱼类、蝴蝶和各种昆虫的图案丰富多彩。正因为他们注意到了这一切，原始人发现了自然形态的对称、和谐和存在于多样性中的美的秘密。

也许是在不知不觉中，他们开始借用这些设计为自己做装饰。他们借鉴了蜗牛壳的曲线，波浪的重复图案模式，雨滴的飞溅路径和火焰的闪光。他们把它们画成简单的几何图案——圆圈和圆点、交叉线和平行线。

几千年来，他们用这些几何图案来装饰自己的身体、房屋和物件。他们把泥土和赭石涂在自己的身上。他们把它们雕刻、蚀刻、编织在他们的装饰品和劳动工具上。他们用它们来装饰自己的小屋和寺庙。

也许你对美洲原住民的帐篷、毯子和珠宝装饰物上的这种设计很熟悉。你知道吗，它们代表了自然现象——太阳、山脉、树木和闪电。世界各地的人们都利用了这些设计和它们的象征意义。

但它们的发展是一个极其缓慢的过程。在史前时代，在人们注意到几何图形之后的几个世纪，人们可能才开始绘制几何图形。

第一个令人钦佩的几何形状可能是圆。即使是最早的人类也一定观察到了巨大的红色落日的圆形、白色光辉的满月的圆形、朋友眼中的圆圈，雨滴落在水坑上或落叶掉入静止的池塘形成的涟漪。

欣赏一个圆是一回事，但准确地画出一个圆圈完全是另一回事。因为在那些遥远的时代，人们在生活中没有使用圆。

今天，我们被圆圈包围着，圆圈的数量比我们所能数出来的还要多。抬头看，低头看，环顾四周。你在一个房间里

能找到多少个圆圈？比如，想想厨房。有圆形的盘子和平底锅，炉子上有煤气炉或电子炉，玻璃杯的杯口。而这些仅仅只是一个开始。

在某所学校的一次庆祝会的问答环节中，有人问："礼堂里有多少个圆圈？"

第一个猜测是100——太少了。有头脑灵活的学生立刻计算出了大约有10000个圆圈——他想到了天花板和墙壁上的圆形图案。然后，有人发现每件夹克至少3颗纽扣，每个口袋里至少 1 枚硬币，每只鞋至少 4 个眼孔，每张脸上至少两只眼睛。礼堂里大约有 1200 人。但有人知道还有更多的圆圈没有统计进来。他们想到了一些女孩连衣裙上的波点图案，笔记本上的拉环和活页纸上的圆孔，以及所有将地板和家具固定在一起的圆形螺母和螺钉。最后他们放弃了！

你看，圆圈在我们的生活中无处不在——有时是为了装饰，更多的是为了实用。现在我们知道了一个精确的圆多么有价值。想想看，在腕表的微小机械装置、飞机仪表盘上的刻度盘，或者现代工业的所有"齿轮"中，这种精确性是多么重要。

当然，对于石器时代的早期人类来说，如何画出准确的圆是一项伟大的成就。但最初这是如何做到的？没人确切知道。究竟是谁发现了这个秘密？男人、女人还是孩子？这些从未被记录下来。我们不知道第一个准确的圆圈是何时何地绘制的，圆圈上的每个点与中心的距离都是相同的。但我们可以对它可能是如何发生的这件事进行富有想象力的猜测。

也许第一个真正的圆是拴在木桩上的动物在地上画的；它可能会一遍又一遍地跑到自己能到达的最远处，在地上踩

出一个圆圈——一个由脚印重叠组成的真正的圆圈，圆上每一点离中心处木桩的距离都一样。也许就是这样，绳子首先揭示了圆的秘密。史前儿童玩游戏时，可能受到这个圆圈的启发，不难想象他们用藤蔓作为绳子，四处摆动，在地上留下完美的脚印。

　　对于这种早期的圆圈游戏，他们的父母可能不会留有深刻印象。他们正忙于打猎和生火。这一伟大发现可能在之后很长的几个世纪里都没有得到成年人的重视。

　　然而，最终，这根绳子的秘密被发现了。它也被开始列

入有实用价值的线和力的知识中，圆圈被添加到从自然中复制出来的美丽装饰形状中。完美的圆形是石器时代慢慢不断被发掘的秘密中的一个伟大的几何发现。

在古代中东

几何与日常生活

4. 读影子

在这里，我们的故事发生了令人兴奋的新转折。事情刚好发生在有记录的历史开始之前。那个地方就是中东。几何即将从最初的起源转变为古代实用的地球测量艺术。

新石器时代的一些人经历了学者们所谓的"革命"，因为它给他们的生活带来了巨大的变化。他们不再是猎人和渔民，而是牧民和农民。在他们转变为新角色的过程中，他们从大自然那里得知了一种令人惊叹的新秘密：如何解读阴影——来自太阳的信息，作为衡量时间的标准。

和往常一样，因为知识建立在遥远的过去之上，所以它是逐渐累积的。

石器时代的早期人类已经生活了数千年，他们以猎得的野兽为食，有时却被野兽反杀。他们在洞穴和丛林中，他们穿过大草原和森林，猎杀剑齿虎、长毛象和野猪，而他们自己也被跟踪、踩踏和撕咬。

然后，一些流浪的人类进入了尼罗河、底格里斯河和幼发拉底河的大河谷。在此之前的很长一段时间里，他们都会采集野生的浆果、坚果，将它们与肉或鱼混在一起食用。但在此时，一个偶然的机会，他们学会了准备味道鲜美的野生

谷物。随着时间的推移，随着气候变得越来越干燥，有人注意到，通过风和人手，散落在河泥上的谷物中会生长出一种植物。挤向河边的口渴的动物，被困在围栏里，人们开始沿着被称为"肥沃新月"的大河生产自己的食物。

在这些宽阔的、有天然屏障的山谷里，他们可以喂养羊群，耕种土地。他们住在一起，一季又一季，有时他们还有闲暇规划生活和梦想未来。

那些最空闲的人是牧羊人。他们在烈日下看守羊群，大石头的阴影为他们提供了遮阳之地。为了总是能待在阴凉的阴影之下，他们白天时不得不多次挪动位置。

　　也许是某个牧羊人，他厌倦了漫长而单调的一天又一天，他第一次在阴影的尽头放上石头，因为阴影的位置和长度一整天都在变化。

　　我们可以把他和其他牧羊人看作是发现了如何报时的那批早期的科学家。如果他们离家很远，他们可以从阴影中分辨出什么时候该回去了。他们还发现，阴影指示了方向。他们除了需要知道时间外，还需要判断方向。这是发生在他们真正需要测量距离之前，因为在那段暗淡的时光里，流浪的牧民和农民仍然踏着野草和沿着溪流从一个地方迁徙到另一个地方。

但时间对他们来说已经很重要了。当人们讨论测量一天中时间的实用性时，他们一定也考虑到了测量一年中时间的实用性。起初，种植、播种、收割和割草的适当时节都是靠经验猜测的。人们肯定犯了许多错误，损失了重要的作物。该怎么办？如果白天太阳标出了时间，那为什么不抬头看看天空，寻找测量时间的方法呢？

树上的花开了，鸟儿在花朵中歌唱，啄着第一个果实，剩下的果实发育成熟了。大地干涸，树叶飘落。河水不时泛滥。季节中肯定存在着一个固定的模式。天空中是否也有这一切的线索？

记住，在白天，几乎没有什么能让这些人从阳光和阴影中分心，晚上也没有什么能让他们从明亮的星星中分心。他们观察着天空中的一切迹象。

当牧羊人彻夜长坐时，天空产生了生动的变化。一队明亮的星星在天空中行进，一些明亮的漫游"恒星"在其中移动。在夜空中，月亮出现、生长、消失，周而复始地进行着这个有趣的循环。因此，这些早期的观星者计算出月亮经过同样路径需要多少个夜晚，他们还发现了这是个重复的模式。

太阳似乎也遵循着一种模式。有的时段白天会越来越长，影子也会越来越短。然后这种情况就会改变，白天会越来越

短,傍晚时的阴影会提前变长。这一规律也将重新开始循环。

在天空和地球上,这些不断循环的模式一定有某种联系。

早期的牧羊人围绕篝火谈天说地,他们一定谈到了月亮、阴影、季节和一天中不断的变化是永恒的。月亮和星星,太阳和阴影,无疑是他们日常工作的指路明灯。阴影在一天中变化,月亮在一个月中变化,行星在一年中变化。

因此，这些最早的观星者计算出月球变化要 30 天；他们观察到，从一棵开花的树上的第一声鸟鸣，到树再次开花，鸟儿回归，月亮变化了 12 次。他们粗略地制作了一个 360 天的日历：这可以被称为第一个数学公式。人们几个世纪以来一直忙于研究天空和阴影以改进第一本日历中的不准确之处。

阴影以及如何解读阴影在未来的几何学中是非常重要的。但这在我们故事的后期才发生。现在，你可能喜欢自己观察阴影——理解它们携带的关于时间的信息，就像新石器时代之后的人们所做的那样。

这并不艰难，因为阴影是令人愉快的事情。它们唤起了人们对夏日艳阳下的凉爽回忆。太阳是一位艺术大师。它描绘了你在阳光明媚的日子里行走时的动感画面。它在亮绿色的草坪上用深蓝色和紫色勾勒出一棵树的形状和树叶的图案。

更进一步，也许你已经知道如何从阴影中解读太阳的信息。你有没有过这样的经历：躺在沙滩伞的阴影下感受着凉爽，突然意识到炽热的阳光照在你的脸上？你没有动，但是树荫动了。或者你有没有想过，这个时间是不是该离开海滩回家吃晚饭了，然后看着阴影寻找时间的线索？

也许你从未想过给自己做一个方便的小计时器。只要在沙滩上竖起一根棍子，你看着它的影子改变长度和方向，直到影子最终告诉你该回家了。

研究影子传递的时间信息更加有趣。观察它们的变化，并真正做好记录。当你去操场或球场时，在影子的末端做个记号。就在你离开前，注意它的长度和方向的变化。找出是否所有的影子在同一时间指向同一个方向。如果你能记住，比如在下午3点半做个记号，然后在一个月后的同一时间检查它。

而且，观察影子在今天仍然非常重要。受过训练的科学家可以解读航拍照片。如果他们知道照片的拍摄日期、时间和相机位置，就能利用阴影来确定诸如月球上山脉的高度和其间距离等信息。

但在历史开始之前，解读阴影对人类生活至关重要。因为那是早期农民和牧民的时代，那时世界上的人第一次利用历法确定昼夜、月相和丰收年何时回归。

5. 操绳师①

现在，文明终于迎来了曙光。有了它，实用几何真正开始在测量员或"操绳师"的工作中发挥作用。

为了建立早期文明，人们必须在定居点和睦相处。住在一起意味着巨大的优势，同时也意味着巨大的责任。居住在受到天然保护的尼罗河、底格里斯河和幼发拉底河的山谷中的人们认识到了这一点。我们从他们的废墟中找到了证据。

早在公元前几千年，每一个早期文明都在大地上留下了

① 注：当时测量土地的技术员被称为操绳师。

类似农田标记、灌溉渠和蓄水池的痕迹。最早可以追溯到公元前 5000 年左右，这是考古学家鉴定出的伊拉克的耶莫村的存在时间，它可能是世界上已知的最古老的村庄。这些废墟中的许多细节都展示了测量师的娴熟技术。它们是通过直线和直角来规划的。

如今，我们认为直角是理所当然的。但你想过吗，它们在我们的生活中扮演着多么重要的角色？如果你曾飞越农田，特别是在美国和澳大利亚，你可能会注意到下面的场景就像一床被一块块矩形的布缝起来的被子——因为田地呈矩形排列，围栏将一块地与另一块地分隔开来。矩形的角就是直角。

当你开车穿过这些国家时，你有没有注意到电线杆、栅栏、树木和房屋都直立着，与地面形成直角？你能想象没有直角的风景吗？试着想象一下你的车以每小时 120 公里的速度行驶，电线杆竖立在各处。假设房子和窗户随意向任何方向倾斜，房间的墙壁向内倾斜。毫无疑问地，你的安全感会被破坏。

今天，我们因为过于熟悉直角，甚至忽略了它的存在。环顾房间——你认为你需要多长时间才能完全数出你看到的所有直角？即使在这本书中，每一页的四个角都是直角。直角也在字母 L，T，E 和 H 的结构中出现。在现代，直角像

圆圈一样无处不在。

但古代文明并没有把直角视为理所当然。这是一个借助绳子产生的重大发现。它满足了处于群居生活中的人们的很重要的需求。

对于早期农民来说，一个非常大的问题是如何划分他们的田地以获得各自的所有权。他们必须保护自己的财产，不侵犯他人的财产，才能与彼此在和平与安全中相处。

田地的最佳形状是什么？请记住，这些是有史以来人们第一次对田地进行布局。人们熟悉蜿蜒的湖岸，在天空映衬之下的锯齿状的山脉线条，以及变幻莫测的云朵轮廓。但如果一块土地的边界线是不规则的，那么将不利于实际操作。

然而，古代人确实找到了一种可行的模型。即使在他们

　原始的日子里，他们也知道如何将芦苇编织成垫子来盖住他们的泥土地。织造中经纱和纬纱的特点就是呈矩形。就像一块编织的垫子覆盖在泥土地上一样，一个矩形的形状也可以标记出他们田地的边界。是的，矩形在编织中是有用的——但这种形状如何在土地上被标记出来呢？

　　我们知道部分早期的解决方案。陵墓和寺庙墙上的图画显示了绳索是如何被用作测量装置的。为了制作一根结实的绳子，人们可以把坚实的藤蔓或芦苇缠绕在一起。一根拉紧的绳子能标记出两个相邻地块之间的边界。

　　但不仅仅是一个或两个方面，四个方面都有相邻地块。起初，人们可能徒手划分地块。但人们想要比徒手划分边界更为可靠的方法。最大的问题是如何标记一个准确的直角。

历史学家可能永远无法回答的问题是：这一切到底是如何在美索不达米亚或埃及首次实现的。但我们有一些引人注目的线索。

在数千年前的壁画中，绘有埃及测量员拽着打结的绳子的图画。根据这个习俗，古代的测量员似乎被称为"操绳师"。显然，那些古老的操绳师知道，某些尺寸——每边都有这么多结点或间距——会形成一个精确的直角三角形。

他们是怎么发现这些的？也许这一发现已经被发现了很多次，却又被遗忘了同样多次。我们只能想象它可能发生的方式……

也许那天很热，一些埃及的操绳师比平时更累了，他们用一种古老的测量方法摆出了一个直角。这个想法是拉出一条直线，然后再从中间再穿过它。这是在烈日下的艰苦工作——他们用了3根，有时是4根，绳结间距均匀的测量绳。

首先，他们必须铺设直线。这意味着把两端的木桩牢牢地钉在地上，中间紧紧地拉着一根打了结的绳子。然后他们找到绳子的中间，钉入一个中心木桩。

接下来，他们拿了一根更长的绳子，把它系在两端的木桩上。他们抓住绳子的中间，尽可能地将它拉远，与中桩相对应，然后再把一根木桩打入其中。

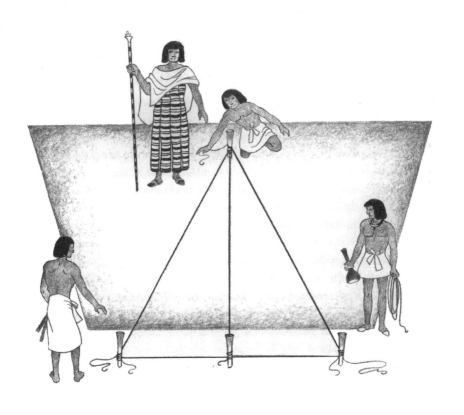

最后，他们把一根绳子横着从侧桩上拉回到中桩上。

这应该是一个直角。但监督员很挑剔，所以他们必须在另一边再将同样的事情重复做一遍，然后在这天剩下的时间里一直做这件事，直到绳子被拉得很完美。

也许在中午，当所有工作人员都停下来在一丛棕榈树的稀疏树荫下休息时，某个人独自留了下来，他疲惫地研究着地上打结的绳子。他可能还记得，很久以前，他们常常费力地把绳子折成两半，找到绳子的中间，但现在他们只使用奇数节的绳子，并记录它们到中心结的距离。难道没有一种简单的构成直角的方法吗？他开始数数。3-4-5 直角三角形：边上的结之间有 3 个空距，另一边有 4 个空距，与直角相对的长边有 5 个空距。很自然地，他大声叫其他人过来看看。绳子上的这些简单尺寸能给他们带来他们渴望得到的形状，而且几乎不需要做任何别的工作。人们甚至可以制作一根特殊的绳索——大的绳结已经间隔开了 3，4 和 5 这三种尺寸，在几分钟内，他们可以将其钉在任何地方，构成直角三角形。

通过一些这样的意外，或一系列的意外，绳子揭示了另一个秘密——完美的直角。

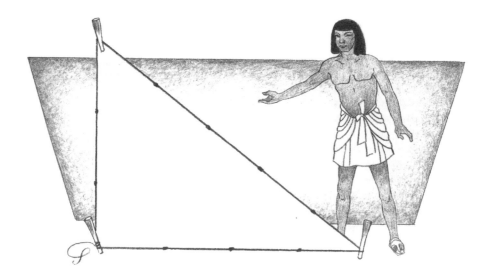

既然测量人员可以利用绳子准确地标出田地的所有边和角，他们就有了充足的实践经验。每年，当洪水泛滥和消退之后，肥沃的黑土地上的边界标记都会被掩埋，人们必须重新测量田地。

操绳师还面临着另一个大问题。汛期之后是漫长的旱季，他们必须为此做一些准备。灌溉土地需要运河网，而在挖掘运河网的过程中，新的困难又出现了。

如果你曾经试过挖沟渠，你就会知道保持底部水平和两边与底部成直角是多么困难。如果沟渠是用来输水的，这一点更加重要。水不会往上坡流，如果它往下坡流，它就会流

到一个地方。必须找到一种方法来整平灌溉沟渠，并弄直沟渠的堤岸。

　　为了做到这一点，操绳师利用两根等长的直木棍，将它们拼接在一起形成一个角度。然后他们用横杆加固了这个角度，做成了一个类似我们字母 A 的形状。最后，他们在角的顶点挂了一根系上重物的绳子。

　　当形成角度的两根棍子在水平地面上时，绳子从横杆的中心直垂下来。如果地面不平整，绳子就会偏离中心。为了确保沟渠的侧面是垂直的，他们在沟渠的侧面挂了一根挂有重物的绳子。这样一来，他们用水准仪和铅垂线完成了测量沟渠的重要工作。

与此同时，操绳师还帮助解决了社会生活中的另一个重要问题——税收。

因为税款是根据田地的大小来征收的，所以必须找到一种合理的测量面积的方法。对于测量长度，有两种可用的方法。一根绳子可以通过使用两次将其加倍，也可以通过折叠将其减半（具有间距均匀的绳结的绳索是一个很好的测量工具）。此外，身体的各个部分也能用作长度单位——例如，手指的宽度、手掌的宽度，或撑开的手从拇指尖到小指尖的距离。你知道诺亚方舟的尺寸是以肘为单位来测量的吗？一个肘长是从胳膊肘到最长手指指尖的距离。

但是人体并没有为测量面积提供便利的测量单位。人们不得不花一上午的时间或统计一头牛一天的工作量来测算田地的大小。但有些农民的劳动效率比其他人要高，有些牛也是如此。纠纷就这样产生了。甚至在人类群居生活的早期，人们就意识到精确的测量是维持和平的好方法。

编织的想法再次拯救了我们。古人可以在他们编织的垫子上找到小方块的图案。他们可以通过使矩形的边相等来构造正方形。正方形成了测量面积的好工具。

理所当然地，能够解决所有这些问题的操绳师在早期社会中是非常重要的大人物。相对应地，重要人物也以自己是操绳师而感到自豪。

在古埃及，当尼罗河泛滥时，灌溉沟渠被泥浆堵塞，界碑被掩埋，整个村庄会一起出动去进行清理工作。监督这些小分队工作的是当地的酋长。人们根据财产的多少用不同的谷物或亚麻的份额向这些地方酋长纳税。村民们也给予他们近乎崇敬的尊重。

由于整个文明都依赖于水，水滋养了田地并提供了食物，这些早期的操绳师被视为神圣的生命使者。地区首领也是从他们中间产生的，最后产生了一位国家领导人，第一位埃及法老就是这样出现的。

为了埋葬法老，古埃及人建造了巨大的金字塔陵墓，这些金字塔至今受到旅行者的瞻仰。

这些金字塔是古代实用几何学的杰作。即使在今天，它们仍代表着用绳子构成的直角三角形和正方形的最高成就，以及人们早期对几何形状的永恒纪念。

金字塔的建造者们利用直角铺设了准确的方向线：他

们将中午阴影总是指向的方向设为南北线。通过画一条与之成直角的线，他们得到了一条东西向的线。这两条线是他们的基础线。金字塔方形底座的四边正对着北、南、东、西。没有想到，这种精确性在这么久这么久以前就实现了！

世界上最古老的人造石块结构建筑是萨卡拉的阶梯金字塔墓。它大约建于公元前 2750 年。它的方形底座被打结的绳子拴住了。在后退的台阶上，它逐渐变细，在顶部达到顶峰；它是真正金字塔形式的先驱。

大约在一个世纪之后，大金字塔建成了。我们在保存下来的一幅壁画中看到了这项工作实际是如何开始的。它描绘了所有那个时期与金字塔和寺庙布局有关的仪式的宏伟盛况。正如今天为一座重要的政府大楼奠基一样，在 5000 年前，为金字塔的底层平面图做标记也是一个伟大的时刻。

地点已选定。操绳师就在旁边。在人山人海中，法老和他的随从列队前往仪式举行现场。这个令人印象深刻的场合被称为 Put-ser，意思是"拉伸绳索"。历史悠久的图画描绘了手持金槌的法老，铭文告诉我们，法老说的话非常适合描述一位皇家操绳师：

"我抓住了木桩；我握着木槌的柄；我抓住了塞莎特（星星女神）的绳索；我面向着上升的星座的轨迹；我的目光进入了大熊星座；我确立了寺庙的 4 个角。"

6. 观星者

与此同时，在中东平坦的平原上，文明正在走上另一条道路。实用的几何学也是如此，因为观星者的功劳，他们划分了圆圈，成为世界上第一批专业的天文学家。

我们可以想象，对于底格里斯河和幼发拉底河流域最早的观星者来说，夜空可能是什么样子的。那些老练的观星者看着熟悉的星星图案在天空中移动。他们观看了星座游行的大戏，仿佛这是一场盛大的马戏团游行。

在那片星空中，古人挑选出人和动物的形象，并将其与英雄和神祇联系起来。他们把自己的想法传递给了其他人，我们现在仍然在用可以追溯到那个时代的名字来称呼这些星座。

与此同时，我们仍然在使用数千年前他们观星时制造的测向工具。

平原上的早期民族——苏美尔人、迦勒底人、巴比伦人——需要一本指南来指导他们在广阔平坦的地区旅行、漫游和打仗。他们在星星中发现了它。

这是古埃及人必然从未经历过的。尼罗河、底格里斯河和幼发拉底河的文明在测量土地和修建灌溉渠方面也朝着同样的方向发展。但不同的地理条件驱使它们后来走上了不同的发展道路。

伟大的尼罗河本身就是上埃及和下埃及定居点之间的一条轮廓分明的高速"公路"。它狭窄的山谷被两边的山脉和沙漠保护起来。几个世纪以来，这个与世隔绝的山谷都没有受到外来人入侵。人们在这里能享受和平。五千多年后的现在，留存下来的壁画展示了埃及人的工作和娱乐，他们在高效、奢华和充满艺术氛围的环境中过着勤劳或悠闲的生活。

被称为美索不达米亚或"两河之间的土地"的底格里斯河和幼发拉底河的山谷，一直延伸到广阔平坦的平原上，其

间分布着许多小城市。游牧部落在这些平原上四处游荡，互相开战，他们也攻击城市居民。与此同时，许多城市的领主也互相开战。这片古老土地上的壁画向我们展示了战士、战车和战争武器。

除了这些无休止的战争之外，平原上的居民也是有名的商人。他们没有木材和金属，但他们的城市需要这两样东西。于是，驴子、骆驼和帆船组成的商队一队接一队地出发，与生活在邻近和遥远的土地上的人们交换货物。所有这些都导致了同样一个问题。

美索不达米亚幅员辽阔，自然地标却如此之少，以至于人们不得不为他们的战争和穿越山谷的旅行想办法。他们的观星者最终找到了解决方案。古代占星家备受推崇，就像尼罗河沿岸的操绳师一样。

我们知道，埃及人把他们丰富的作物归功于那些建造和维护灌溉沟渠的操绳师。在他们看来，美索不达米亚人相信，如果是来自天空的信息控制了季节变换，那么人们的活动也必须被它们控制。他们认为天体的运动控制并预测了人类的重要事件，因此他们认为研究这些运动的观星牧师能够知晓这一切。

在尼罗河流域，人们为法老建造陵墓。在底格里斯河和幼发拉底河的山谷中，人们在高大的塔上为观星者建造了被喻为天空之神的神庙。在这些高台上，牧师占星家能够更好地观察整片天空，从而更好地研究和解释他们认为能够指导人类事务的恒星运动。

这些寺庙督导着社会生活。作为回报，人们将自己的一部分牲畜和农产品赠送给观星牧师，这些东西一部分用于祭祀他们的神，一部分作为税收被留存在寺庙的金库中。

随着时间的推移，寺庙变成了天文台。观星者成为天文学家，他们还解决了如何观测遥远恒星运行轨迹的问题。

这些观星者已经注意到了阴影中时间和方向的信息；他们观察了一年中日出和日落位置的变化。他们利用月亮的相位，它的周期性增长和减弱，来制定他们的早期日历。他们观察了恒星群在天空中的稳定运动，以及"漫游"行星相对于固定恒星的运动。

但他们需要一种仪器来更准确地测量这场灿烂群星的游行。人们在地球上旅行需要一个方向。牧师们需要一个测量天空中星星移动的尺度。这些需求使他们在星星的运行轨迹中发现了一个非常重要的秘密。

我们不知道那位无名的观星者是何时何地做出这个发现的。举起一根绳子来测量它们之间的距离是没有用的，因为当你把它靠近你的眼睛时，长度会改变。用角度来测量两颗恒星的想法一定很古老，你如何才能测量一个角的角度呢？

答案在于把圆圈分成六份。这是最早也是最简单的圆形分割，埃及人和美索不达米亚人都用它来测量天空。也许我

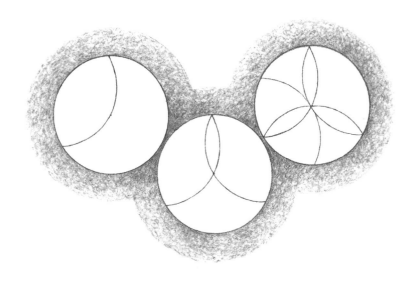

们可以想象它是如何被发现的……

可能是一个年长的观星者，回忆起童年的游戏，他用绳子在地上画了一个完美的圆圈。现在，他将如何分割这个圆？

也许他只是在玩他的绳子，或者他想到了一片长满六瓣花的田野，或者他想起了孩子们在游戏中做的一些事情。

他们的脚在地上画出一圈后，偶尔有一个孩子站在画痕上，他手中拿着绳子，另一个孩子绕出了第二个圈，第二个圈穿过了第一个圈。观星者用六条弧线画出他圆中的曲线，而他使用的画出这些弧线的"绳子"是一样长的，当他把这些弧线穿过圆时，他得到了六瓣的花形图案。他的发现很简单，即这些弧线会把圆周切成六等分。

　　不管怎样，无论是偶然还是凭直觉，他偶然发现了把圆分成六等分的秘密。在那之后，其他观星者很容易将每条弧线一分为二，然后再一分为二。但是他们应该重复多少次呢？古代的美索不达米亚人用 6 和 10 来计数。他们最早的观星者认为这一年有 360 天。因此，还有什么比继续把这个圆，用这 6 个方便的弧线，分成越来越小的部分更合理的呢？——直到圆总共被分成 360 个微小的部分！有了这些微小的划分，天文学家就有了一个新的方便的度量单位：圆周上的弧线可以测量圆心上的相应角度。

　　这个发现一经发现，测量行星的运行轨迹就很容易了。古代天文学家把一个可移动的指针固定在一个半圆形的中心。

有了这个装置，他就可以跟踪行星，并在半圆形上以角为测量单位测量它们的运行距离。

使用相同的方法，观星者也可以很容易标出陆地的方位。他可以从东方在地球上标出方位。

这些不知名的观星者为我们留下了一座圆圈划分的纪念碑。从那时起，恒星运动的测量表就保存在寺庙里。

早在 4000 年前，这些古代天文学家就用他们的指针、半圆、四分之一圆和第六圆（六分仪）观测并记录了月食。但在那个遥远的时代，这样的观察只是偶然发生的、不系统的。逐渐地，进行更频繁的观测成为惯例，直到公元前 747 年，这些观测变得连续且有规律，并被仔细地保存下来。

当人们第一次收集到一段长时期的天文观测结果时，占星术就成为一门科学。它发展了 300 多年，时不时就会被人们重新提起！

人们通过这些记录，可以在太阳、月亮和行星的周期性运动中看到一种恒定的模式，人们通过这种模式能够预测未来日食的时间和这些天体的未来位置。

除了天文学之外，美索不达米亚人还为我们留下了其他伟大的划分圆形的纪念碑：拱门和轮子。

他们可能是最早使用轮子的人。当他们把旧的实心车轮改为带辐条的车轮时,用于战争的轻型战车便被创造出来了。

这批人也可能是最早发明拱门的人。

在广阔的平原上,他们找不到满是石头的大山,也找不到满是木材的森林。他们不得不使用经过日晒的砖来做建筑材料。他们必须找到一种能把这种砖作为门或门道的支撑的方法。

又一次地,圆的知识拯救了他们。他们发现,如果他们以半圆的形式放置砖块,中间有一块楔形砖,楔形砖(梯形石)就会对支撑砖块产生作用力。这样的拱门有足够的力量支撑墙壁的重量。通过互锁的拱门,他们创造了一个圆顶。直到现在,拱门和圆顶仍然是中东建筑的特色。

这些圆形的表达方式——拱门和圆顶——沿着贸易路线从巴比伦传遍了整个地中海。几个世纪后，随着时间的推移，它们成为罗马帝国穹顶、桥梁和高架渠的基础结构。当然，我们今天在建筑中仍旧在使用它们。

所以，数千年前的圆圈划分的伟大发现仍然指导着我们的日常生活。几个世纪以来，公海上的船只——古老的帆船、现代的轮船，继续使用这些可靠的标志——星星。古老但不过时，今天的启明星依旧是指引游牧民族穿越茫茫沙漠的路标。

如今，在空中或海上飞行的飞行员用最新电子设备代替了星星的导航。然而，他们绘制航线的仪器仍然反映了美索不达米亚观星者对圆圈的划分：指南针分为360°——北0°，东90°，南180°，西270°。这能使导航员通过标记度数做出精准的飞行计划。

同样，我们在地球上使用测量距离的仪器时就会回想起那些古人的伟大成就。间隔360°的全球经度和纬度线，使我们能够通过它们的图形模式在地球上进行定位。现代测量员使用安装在凌日仪上的量角器，以千禧年法测量距离、方向和高度。

甚至我们的时钟也是以圆圈的划分为基础的。看看它的圆形表面，钟面分为12个小时，每小时分成60分钟，每分钟分成60秒。

在这些方面和许多其他方面，数千年后的我们仍然受惠于巴比伦天文学家的伟大成就。它们有助于将我们带回很久

以前那些未知的观星者的想象中——他们最先划分了圆圈，使得陆地和天空的制图、地图绘制和天文学成为可能，这些都是古代中东几何学的最高成就。

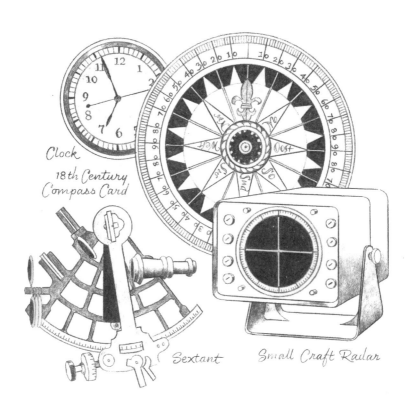

Clock

18th Century
Compass Card

Sextant

Small Craft Radar

爱奥尼亚希腊人

几何与思维

7. 公元前 6 世纪

公元前 6 世纪初，地中海世界正在发生着变化。文明的中心即将转移到希腊，也就是当时被称为赫拉斯的地方。几何也即将发生根本性的变化——从一种纯粹有实用价值的艺术转变为一种新的抽象思维。

尼罗河、底格里斯河和幼发拉底河流域的古代人民用实用的几何图形做了很多了不起的事情。他们用它来标记他们的田地和灌溉渠，建造宏伟的建筑和巨大的金字塔，测量星星的轨迹，寻找陆地和海洋的方向。

但到目前为止，埃及和美索不达米亚都已经过了巅峰时期。尽管他们正在享受最后的辉煌，但他们的创造时间已经结束了。

埃及人在他们肥沃的山谷中发展出了灿烂的文明，那里炎热低洼，河水缓缓流过，远处是无尽的沙漠。现在，在普桑提克二世的统治下，这片土地比之前的十个世纪都要更加繁荣。但普桑提克二世是一位艺术品和古董收藏家，他的埃及只不过是一座拥有昔日辉煌的博物馆。

美索不达米亚文化也在"两河"之间和广阔温暖的平原上蓬勃发展。在亚述最著名的国王阿什巴尼帕尔的统治期间，尼尼微已成为世界上最大、最宏伟的城市。与此同时，它庞大的图书馆也汇集了过去的经验教训。尼尼微被完全毁灭，尼布甲尼撒正在美化他的大首都巴比伦。在这里，他建造了著名的空中花园以取悦他的妻子，它就像平坦的巴比伦平原上的一座苍翠的山，令她回想起远在米底山区的家乡。他还鼓励人们在寺庙里编纂恒星记录，但巴比伦辉煌的日子已屈指可数了。

当这些古老的中心被复兴的荣耀笼罩时，一些新鲜和全新的力量正在西边涌动。

希腊人从寒冷的森林和山脉向北流动，他们在多岩石的希腊半岛上建立了自己的城市。他们站在悬崖上，面朝大海，眺望深蓝色爱琴海上白色的岛屿。那是一片崎岖的土地，土壤坚硬，强壮的人必须努力工作才能获得食物。很快，他们就登上自己的船只，从希腊本土涌出，在地中海和黑海的岛屿、海岸进行殖民。

因此，公元前 6 世纪是一个扩张、贸易、旅行和探索的时代，旧文明与觉醒的新文明融合在一起。

在这个世纪的变革中，古代历史的聚光灯开始向西移动。在接下来的 300 年里，文明的主要源泉将来自处于创造性时代的希腊。希腊人将要在文化中引入一种新元素：理性。他们对理性的热爱将改变艺术、建筑、哲学、文学和科学，但，首先是数学。

我们已经见识过古老的近东文明借助圆和直角在实用几何方面所取得的成就，以及他们如何从阴影中解读太阳的信息。现在我们将会看到，希腊人正是以这些相同的元素为基础建立了理论几何学。他们通过观察阴影，将几何学的基础牢固地建立在圆、直角、直角三角形以及这些图形内部和相互之间的关系之上。元素是相同的，但方法却完全不同。

这种新方法始于小亚细亚的希腊殖民地爱奥尼亚，那里辉煌的米利都市是东西方之间的十字路口。

米利都的海港朝西，迎接希腊和腓尼基商人的船队。她繁荣的市场是东方、波斯、巴比伦和埃及陆上商队的交易场所。米利都的水手和商人游历了已知世界的各个地方，带着稀奇的故事和奇怪的知识回家。在他们拥挤的城市里，不同的民族和传统每天都在融合。米利都和附近岛屿的居民不仅要进行商品交易，还要进行思想交流，这是必然的。

这些爱奥尼亚的希腊人敏锐而富有想象力。他们质疑一切，他们开始收集旧的答案并构建新的答案。他们活跃的爱奥尼亚氛围、他们的十字路口的地理位置、他们所处的时代和新希腊精神，所有这些结合在一起，创造了一个令人振奋的求知环境。公元前 6 世纪，一批杰出的人才在这里活跃着。他们当中有伟大的诗人，还有因寓言而名垂千古的伊索。但最吸引我们的还是那些我们称之为世界上第一批科学家的人。

希腊人给这群人取了一个与众不同的名字——爱奥尼亚的"哲学家"。哲学的意思是"对知识的热爱"，这个词非常适合他们。

这些早期的哲学家在天文学、物理学、数学和地理学方面都有发现。也许最早开始的是泰勒斯，他研究磁铁和测量。后来是阿那克西曼德，他写了第一篇关于自然史的论文，并绘制了第一张世界地图。毕达哥拉斯住在萨摩斯岛上，人们认为是他发明了乘法表（尽管可能不是他）。但他们关心的不仅仅是这些发现，他们提出了关于宇宙的探索性问题——一切事物的主要构成物质是什么：是水还是空气？是心灵，还是无尽的未知？

最重要的是，他们开启了一种新的思维方式——理性思维：基于仔细推理的思维。埃及人和巴比伦人发现了新的工作方式，而希腊人找到了新的思考方式。他们观察自然，把自己的观察结果整理好，并试图从中找到抽象的规则。

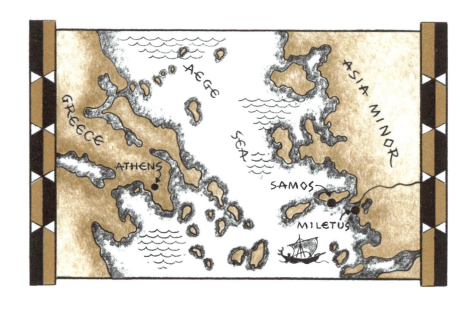

　第一个这样做的人是泰勒斯，我们刚刚称他为第一位
爱奥尼亚哲学家。还有另一个原因令他在我们的故事中
如此重要：根据传统认知，米利都的泰勒斯是几何学的
创始人。

8. 国内外的泰勒斯

　　泰勒斯，被称为"几何之父"，他有点像希腊的本杰明·富兰克林。我们对他的生平知之甚少。他是个商人。他广泛游历了古老的文明中心，并在旅行中学到了很多东西。他说"磁铁有灵魂，因为它能让铁移动"，这表明他研究过天然磁石。人们认为他是第一个对一块摩擦过的琥珀进行静电实验的人。

　　不仅如此，泰勒斯也是一个有趣的人，一些经典的伊索寓言也是受到他的启发而创作的。后来的作家讲述了许多关于他的成就的故事，有些是严肃的，有些则是异想天开的。不管是真是假，这些故事教会了我们许多泰勒斯思考问题的方式。他总是在问"为什么？"，他从自己所看到的表象中找出答案，并对此进行证明。甚至关于他商业冒险的逸事也展现了他的思维模式，特别是泰勒斯和榨油机的那个令人捧腹大笑的故事。

一天下午，当泰勒斯和他的朋友们讨论货币，硬币在当时才刚刚发明出来，泰勒斯说："只要下定决心，任何人都可以赚钱。"

他的朋友们立刻说："证明一下。"

泰勒斯陷入了一个尴尬的境地，他不得不思考。他自言自语："什么东西对每个人都有用？"他的答案是——油。

公元前 600 年，油不是指石油，而是指橄榄油。橄榄油被用来做肥皂。它为灯提供燃料。它被用来做饭。它被认为是一种优质的皮肤软化剂。

泰勒斯决定研究如何用榨油机让橄榄树产出油来。在这次调查中，他的第一个绊脚石是，几个季节以来，这些树都没有结出橄榄。为什么？泰勒斯接下来考虑了天气状况。事实上，他必须研究过去季节的天气——有利于橄榄成熟的天气和不利的天气。

在那之后，他还必须尝试发现天气变化的规律，这样他才能对未来进行预测。他勤奋地研究过去的天气变化模式，他在得出的结论上计算出下一个季节中何时将出现有利的天气条件。

随后，他拜访了气馁的橄榄种植者，买下了他们所有的橄榄油榨油机。当然，他们很乐意卖掉它们，因为这些机器已经好几个季节没用了。而且，在过去，如果需要，没有榨油机的种植者总是可以从邻居那里借到一台。

但当第二年大丰收时，种植者四处都借不到榨油机，也买不到——泰勒斯已经把它们买光了。泰勒斯垄断了橄榄油市场并发了大财。有人说，他后来归还了那些榨油机，因为他没有时间统领橄榄油行业。

无论如何，他是个了不起的观察者。他会研究事件重复发生的规律，然后预测事件发生的路径。

伊索的另一个著名故事也说明了泰勒斯的这个特点。这表明泰勒斯并不高高在上，他试图追踪一头小驴来进行自己的推理。

泰勒斯继承了一座盐矿。盐是用驴从矿井里运出来的。它们在矿床上被一袋袋盐压得喘不过气来，然后还不得不将这些盐驮到市场上。这些驴驮着盐在烈日下长途跋涉。

某天，当它们穿过一条小溪时，一头小毛驴又热又累，躺在凉爽的水中打了个滚。之后，它不仅在剩下的旅程中感到神清气爽，而且意识到身负着的重担变轻了——盐被水溶解了。在此后的每一次旅行中，它都重复着同样的伎俩。

它的主人泰勒斯对这个动物的新行为感到惊讶，并对它是如何知道盐被溶解了这件事感到震惊。有一段时间，驴子比泰勒斯更机智，但从长远来看，泰勒斯通过一些简单的演绎推理战胜了它。泰勒斯问自己："什么东西能使驴子恢复活力并溶解盐？……一条凉爽的小溪……沿途有小溪吗……是的……什么东西会吸收水分并使驴子疲劳……海绵！"因此，在下一次旅行中，泰勒斯在鞍袋里装满了海绵而不是盐，小毛驴的快乐习惯被打破了。

因此，作为爱奥尼亚的一名商人，泰勒斯已经在使用一种新的思维方式。但另外两个兴趣爱好使他建立了几何学：中东之旅和研究阴影。

有一个故事讲的就是他如何将这两者结合起来的。

一天晚上，当泰勒斯在花园里散步时，他被闪闪发光的星星迷住了，突然，巨大的飞溅声和水流声打破了夜晚的寂静。泰勒斯扎扎实实地踩进了一口井里！

　　他的仆人把他捞了出来，笑着说："主人，当你试图探究天空的奥秘时，你却忽视了脚下的寻常事物。"

　　没有人喜欢像落汤鸡一样还要被嘲笑。在接下来的日子里，泰勒斯决定认真看看脚下炎热干燥的土地。于是，在接下来的日子里，泰勒斯决定把目光投向脚下那片炎热干燥的土地。他会研究那里投射的阴影图案，它们如此生动地表达了太阳留在大地上的信息！他还要更多地了解这片土地本身，为此他前往了古老的美索不达米亚和埃及（从我们对泰勒斯的了解来看，我们可以猜测他可能还顺便从事了一些航运生意和对外贸易）。

他的旅程的第一站是巴比伦，这是一座有着悠久历史的迷人城市，那儿有一座巨大的楔形文字图书馆。在那里，他被观星者们令人印象深刻的记录迷住了。他在那儿待了很长一段时间——仔细研究图表，研究天空测量的方法，学习使用圆及其划分方法来测量角度和方向。

然后他跨越边境进入埃及。在那里，他掌握了许多工程的施工方法。他研究了灌溉渠、布局精妙的田地、展示埃及历史的壁画，以及埃及装饰中的设计风格。

他吸取了埃及和美索不达米亚所有古老的实用几何学的精华。这是典型的希腊人的做派。在那个时代，希腊正忙于向古老的文明学习。

在旅行中，他还带着希腊人的另一个典型的特质，以及他们正在构建的未来文明的特质。他拥有一种强烈的探究精神。

无论走到哪里，泰勒斯都会研究这些古老平地上由金字塔、方尖碑、建筑物和人投下的影子。他看待这些影子的方式是前所未有的。我们或许可以说他有一双 X 光一般的眼睛，因为他养成了透过表面现象去发现新意义的习惯——深入探究可见的表象，以发现抽象的规则和关系。

　　这是一位了不起的旅行家,有点像希腊的本杰明·富兰克林。带着对爱奥尼亚的新见解,他在旅行中又吸收了巴比伦人和埃及人的古老的实用知识,新的理论几何学就在这种结合中诞生了。

9. 金字塔有多高?

传说中，在尼罗河之地，泰勒斯神奇地告诉导游胡夫金字塔的确切高度，这让导游们既惊讶又害怕。

这个故事值得详细讲述。它向我们展示了泰勒斯的新几何思想，并使我们能够将其与古埃及的几何思想进行比较。

当然，如果没有吉萨沙漠的观光之旅，泰勒斯对埃及的访问就不算完整，他参观了附近 3 座金字塔和半埋在沙子里的狮身人面像。公元前 600 年时，这些金字塔就已有 2000 年的历史了。

泰勒斯聘请了导游，并带了一位希腊朋友。当他们到达雄伟的纪念碑时，导游们自豪地吹嘘说，当希腊人的祖先还是"长毛野蛮人"时，埃及金字塔就已经矗立着了。

泰勒斯站了一会儿，欣赏着其中最巨大的陵墓：占地超过六个足球场的胡夫金字塔！他抬头顺着金字塔的斜坡望去，在万里无云的埃及天空中，目光直至金字塔的顶点，他注意到灿烂的阳光直射在一面上，在沙漠上留下了一道尖锐的阴影。然后他提出了一个著名的问题：

"这个金字塔有多高?"

导游们大吃一惊，进行了长时间的讨论。以前从来没有游客问过他们这个问题。游客们总是满足于了解金字塔方形底部的尺寸——每边 252 步。有时希腊游客不相信这一点，不得不自己来步测。但这个人想知道更多的东西：高度。没有人知道大金字塔的高度。也许，很久以前，建设者们就知道，但是到了现如今，大家都忘记了。当然，你无法测量它。把一根绳子一直拖到顶部（谁会冒这个风险？），而且这只能测出斜坡的长度。他们想不出任何方法来得到高度，除了从金字塔顶部钻一个洞到达底部，但这是不可能的。

当争论继续进行时，泰勒斯和他的朋友一直在安静地四处走动，他们待在金字塔的阴影之下，那里很凉爽，突然希腊人高呼起来。

"别管我的问题！"当导游们走近时，泰勒斯突然喊道，"我知道答案。胡夫金字塔高达 160 步！"

导游们吓坏了，扑倒在泰勒斯面前，确信他是个魔术师。

当然，泰勒斯并没有通过魔术得到答案。他简单地测量了沙子上的两个阴影，然后利用了他的新几何中的抽象规则。

为了向你展示他的方法是什么，以及他可能的计算方法和它与金字塔建设者的旧几何方法有多大不同，我们将回到过去，想象一下当时的场景。

当泰勒斯作为游客、学生和商人来到埃及过冬时，他一定有很多事情要做。也许在拥挤的街道和码头，他还有生意要处理。他当然想看看那些著名的纪念碑、巨大的雕像和金字塔。但他首先去了透特神庙，据说那里的牧师都很有学问。事实证明，他们热情好客，泰勒斯在凉爽的寺庙里待了很多天，学习古埃及的知识。

现在泰勒斯的学习结束了，他要开始观光了。

那是一个阳光明媚的下午，泰勒斯坐在寺庙外，等着与大祭司托马斯告别，托马斯是一个非常重要的人物。侍从要花很长时间才能把他接来。

在等待的过程中，泰勒斯仔细研究了现场，并思考了埃及的几何成就。在寺庙前巨大的空地上，矗立着一座高高的镀金方尖碑，在午后的阳光中制成了一个精致的"影柱"或日晷。几个身穿白色衣服的牧师和礼拜者站在周围，他们的影子也很明显。一边是一座巨大的神庙，布局完美。透过柱廊，他可以瞥见一幅伟大的壁画，一幅有关埃及比例的杰作。

比例……这个有用，他知道，它就像一根金线一样贯穿着古人的作品。迦勒底天文学家在六分仪的角度和测量遥远恒星运动的相应弧线中使用了比例。埃及建筑师在设计建筑和实际建造时使用了比例。这些都在埃及人用来装饰寺庙和坟墓的巨大壁画中被充分展现出来。那些生动的场景都是艺

术家们用天生的比例感画出来的。

　　他观察过他们是如何工作的。这些埃及艺术家有一个非常简单的方法，能把自己的小幅素描转移到大幅面的墙壁上。首先，他们在素描上画满了小方块，有点像现代的绘图纸。然后他们在墙上画了很多大的正方形。最后，他们研究了小幅画稿中的线条与小方块的交叉位置，然后将这些线条复制到大方块上相对应的相同位置。

　　这是直观的比例，也是最实际的，它是埃及人最好的比例方法。

当泰勒斯静静坐在那里，看着寺庙外的阴影被拉长时，他看到了完全不同的东西：抽象的比例。

在炎热的阳光下，其他人只看到了人和建筑物及其阴影，而泰勒斯还看到了抽象的直角三角形！所有这些三角形都是以同样的方式构成的：一个直立的物体，一个尖尖的方尖碑或一个穿着白色衣服的埃及人；倾斜的阳光照射在物体的顶部，以及它投射在地面上扁平的阴影。

但泰勒斯看到的远不止这些。他看到了越来越长的阴影的移动。其他人坐着的时候肯定也看到了这些，但只有他是用自己 X 光一般的双眼来观察的。

当泰勒斯注视着这一切时，他注意到所有的阴影在长度和方向上都一起发生了变化。起初，它们的长度都是形成它们的物体高度的一半。后来，它们都和物体一样长。然后再后来，阴影变成了物体高度的两倍。

几个世纪以来，可能很多人都观察到过类似的情况，但这位爱奥尼亚旅行者试图在其中找到一种不变的模式。他必须证明事实总是如此，并找出原因。

他做到了！

泰勒斯注意到，当太阳移动时，所有抽象的直角三角形也同时改变了。物体的高度构成了它的垂直边，它们没有改变,但是三角形的其余部分随着太阳在天空中位置的变化而改变。太阳太远了,它的光线照到所有物体的顶部和所有阴影的尖端,倾斜度是一样的。所以,当太阳升高或降低时,所有三角形的另外两个角都必须改变。随着角的变化,另外两边也必须改变——阴影的长度(三角形的平底或水平底),以及太阳光线从顶部到尖端的长度 (倾斜的第三边)。所以在每个时刻,所有太阳制造的直角三角形都是完全一样的形状——不是大小相同,而是形状相同:物体的直角和高度保持不变,但是另外两边和另外两个角随着太阳在天空中移动而改变。

午后的阳光投下阴影

傍晚的阳光投下阴影

现在泰勒斯知道他的眼睛没有欺骗他。阴影长度总是以相同的方式一起变化，而物体的高度当然必须保持不变。他掌握了测量金字塔高度的秘诀。

在你确切地了解泰勒斯是如何完成这一壮举之前，你可能想先亲自尝试一下。

你可以在自己的操场或运动场上通过比较旗杆、门柱和你自己的身高形成的直角三角形，观察到这些相同的阴影变化。

比如说，从下午 3 点左右开始，那时你的影子和你的身高一样长。同时，旗杆的阴影将与旗杆的高度一样长，门柱的阴影也将与其高度相等。你可以在旗杆和门柱的阴影下踱步，不用费劲地攀爬，轻轻松松就能用卷尺测出它们的高度。

当然，下午时，当你的影子大约是你身高的一半时，你可以早点开始。然后，你可以量出其他两个阴影的长度，然后将其他两个阴影的长度增加一倍，从而获得相应的高度。

或者你可以等到当天晚些时候，那时你的影子是你身高的两倍。当然，其他阴影的高度也是其物体的两倍。所以你可以量出另外两个阴影，取其一半的高度——这样你就能得到旗杆或门柱的高度。

这就是泰勒斯所有的秘密，除了一件事：阴影不一定非要有这些明显的长度——一样长、一半长、两倍长。你需要一个简单的公式来利用任何长度的阴影。

这很容易。你已经知道，"秘密"就是比例。正如泰勒斯所做的那样，你总是会发现，在任何时候，一个物体的高度和它的阴影之间，以及另一个物体高度和阴影之间都有一个恒定的关系。在这种情况下，你利用的是物体高度和它的影子，以及你自己的高度和影子之间的等比关系。

就这样说吧：

物体的高度（Ho）对应着物体的阴影（So），你的身高

（Hy）对应着你的影子（Sy）。

你可以把它写成相等的比率，Ho：So＝Hy：Sy，或者写成方程式 $\dfrac{Ho}{So}=\dfrac{Hy}{Sy}$。

然后简单地清除第一个分数（将等式的两边乘以 So），即 $So×\dfrac{Ho}{So}=So×\dfrac{Hy}{Sy}$。

因为 $\dfrac{So}{So}=1$，那么 $Ho=So×\dfrac{Hy}{Sy}$。

所以，物体的高度=物体的阴影× $\dfrac{\text{你的高度}}{\text{你的影子}}$。

既然你自己也知道了这个秘密，你就能准确地想象泰勒斯是如何测量金字塔高度的。

当他提出那个著名的问题时，你还记得吗？导游们开始交谈和争论。泰勒斯已经知道金字塔底部每边的长度是 252 步，与此同时，他正忙着在金字塔的阴影上踱来踱去。金字塔的阴影长度被测量出是 114 步。泰勒斯知道自己的身高——2 步（约 1.83 米）。就在他踱完步的时候，他的朋友帮他量了量他的影子长度：是 3 步。现在泰勒斯拥有了所有必要的尺寸，这个比例中的三个数字能告诉他缺少的第四个数字——金字塔的高度。

他进行了计算，如下图所示：

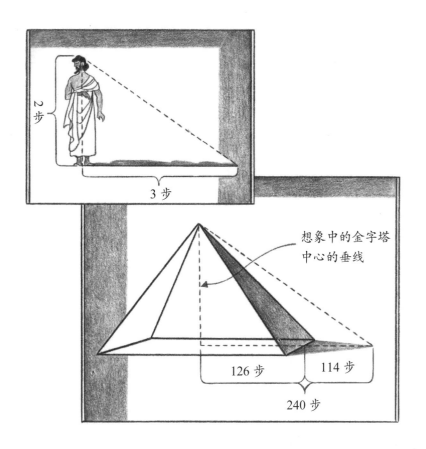

2 步

3 步

想象中的金字塔
中心的垂线

126 步   114 步

240 步

你看到泰勒斯做了什么吗？他利用了一个抽象的直角三
角形！他把大金字塔的高度设想成一根想象中的柱子，从顶
部一直到底部。这样一个想象中的柱子会投射出一个想象的
影子，从它站在金字塔中心的地方一直到金字塔真正影子的
顶端：所以这个假想的影子的长度将是底座长度的一半加上
实际投射的影子的长度！因此：

金字塔的高度（假想的垂线）＝假想的垂线阴影 ×

$\dfrac{\text{泰勒斯的高度}}{\text{泰勒斯的阴影}}$

金字塔的高度＝（1/2 金字塔底座＋金字塔阴影）×

$\dfrac{\text{泰勒斯的高度}}{\text{泰勒斯的阴影}}$

金字塔的高度＝（126 步＋114 步）× $\dfrac{2\text{步}}{3\text{步}}$

金字塔的高度＝240 × 2/3＝160 步！

泰勒斯神奇地解决了这个看似不可能的问题的消息被导游们迅速传播开来。根据当时的记录，当托特神的牧师们证实了胡夫金字塔的高度确实是 160 步时，人们感到无限惊讶。

这个故事流传甚广，以至于 2500 年后还能被我们知晓。这个故事在今天更有意义——因为胡夫金字塔是古代实用几何的伟大纪念碑，泰勒斯对其高度的计算方法在逻辑推理发展中更是一座重要的纪念碑。

10. 游戏的规则

凭借这种"新"思维，泰勒斯是第一个将几何规则抽象化和公式化的人。通过他的方法，人们的思想也得到了解放。

他的同胞们对这一点认识得有多深刻，从所有关于泰勒斯的故事中最著名的一个故事中便可见一斑。这个故事讲述的是在一场激战中发生的一件惊人的事。

公元前 585 年，麦德斯人和吕底亚人正处于一场旷日持久的战争的第 6 年。突然，白天陷入了黑夜：太阳没有发光。交战的双方被可怕的黑暗吓得魂不附体，他们停止了相互残杀，并立即达成了和平。

历史上说这是一次日食。传说泰勒斯利用他在巴比伦研究的资料推断出规律，并准确地预测了这次日食。

学者们怀疑泰勒斯是否预测了日食，但最近的研究表明，他利用的是亚述宫廷天文学家早期不完美的方法。不管怎样，故事的意义都是一样的。希腊人相信泰勒斯做出了预测，换句话说，这样的预测是可能的。泰勒斯的推理风格教会了他们在自然界中寻找一种有序的模式，而不是愚蠢地想象当太阳神阿波罗因为不高兴掩面时就会发生日食。

泰勒斯实在是太有名了，他被列为传说中的希腊七大智者之首。他喊出了座右铭"自我学习！"，但"自我思考！"听起来更像泰勒斯。

他用新的抽象规则教会人们做到这一点。在他之前，几何学是通过孤立的观察建立的，人们用从尝试和错误中掌握的方法来处理和计算物质事物。泰勒斯表示，需要在从物质事物中抽象出的几何概念的逻辑序列的基础上进行严谨的论证。

为了解释他是如何做到这一点的，我们将展示泰勒斯的实际教学方式。没有证据表明他做到了，但他至少把观点传给了两个著名的学生，他不是一个孤独的思想家，而是一个忙于生意的人。因此，他可能会在我们即将描述的一些场景中阐述他的新观点。

当泰勒斯从国外回来时，他可能会给朋友们带来有趣甚至昂贵的古玩，也许是美索不达米亚的印章和护身符、埃及珠宝和玻璃。但他带回祖国的最有价值的东西是头脑中丰富的新思想、口袋里的绳子和对沙子上阴影的记忆。

想象一下，当他的朋友们聚集在他周围准备听他讲旅行见闻时，泰勒斯却拿出一根绳子开始在地上画圆圈。但并不是所有人都对此感兴趣。一些朋友被他迷住了，他画了更多的圆圈，并展示了巴比伦人是如何将它们分割的。或者他把绳子打结，来展示埃及人是如何制作直角三角形并用此来划分矩形区域的。或者，他会揭示他对太阳形成的直角三角形的新想法——这些三角形是由明亮的光线、物体和阴影形成的抽象三角形。

很快——我们可以想象——一小群人聚集在一起，泰勒斯在教授和阐述，感兴趣的朋友逐渐加入讨论中。

他们在露天聚集，地上有白沙，不同高度的杆子可以制造不同长度的阴影。泰勒斯会用绳子和直尺在沙子上画圆圈、三角形和直线，告诉听众他在哪个国家研究过这些形式，并解释他对它们的新想法。一群人在阳光下或坐或站或蹲步，他们研究图表，观察阴影，拨动琴弦，提问和争论。

这就像一个激动人心的新游戏：绳子、直尺和影子的游戏。

每个游戏都有自己的规则。因此，热心的玩家聚在一起讨论规则和原理，并达成共识。泰勒斯向他们展示了这些规则，必须根据公理和定义，通过谨慎的逐步推理来达成。

很难想象这个新的智力游戏对于参与者来说是多么地激动人心。历史上第一次，人们对线条和图形的原理进行了持续性的抽象思考。泰勒斯和他的朋友们一直都在想象这些人——巴比伦人和埃及人，是如何使用这些直角、水平线、分圆法进行几何设计的。他们进行抽象思考，就像泰勒斯

测量金字塔高度时一样。

　　泰勒斯解释了巴比伦人把圆圈划分为 360 度，并展示了如何将之应用于测量角度的一些定义和规则。大多数情况下，他们只需一些定义和规则，就可以亲眼见证这些事情：

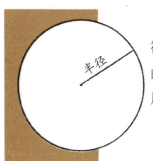

圆是一条闭合曲线，其上的每一点与被称为圆心的点距离相等。这样的闭合曲线被称为圆周，圆的半径是从圆心到圆周的距离。

圆的直径是一条穿过圆心的直线，将圆周分成两等分，每等分 180 度。

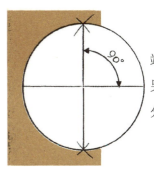

用一根比半径长一点的绳子，从直径的两端画出相等的弧线，这样就可以在圆心处画出另一条叫作垂线的线，把圆分成 4 个相等的部分，每个部分都是 90 度。

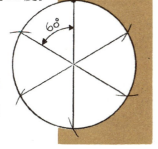

在圆周上连续的点上画出圆弧，用与半径相同长度的绳子将圆分成 6 个相等的部分，每个部分为 60 度。

根据这些定义和规则，很明显，任何点周围的空间都可以划分为360度。通过一点绘制的直线（如直径）称为平角，它是180度。

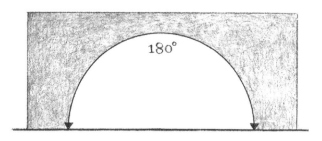

与这个平角垂直的线将平角分成两个角，每个角90度，称为直角。

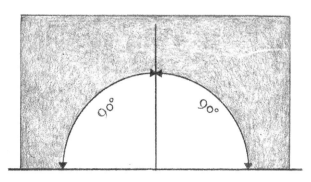

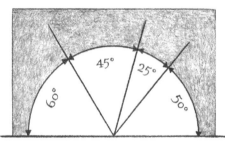

规则：一条直线的角度加起来总共为180度，无论是两个直角、两个不同角度的角还是两个以上的角。

谈到埃及的绳索三角形，泰勒斯提醒他的朋友们，一根长绳每隔十步打结，在地面上分别伸展成3，4和5个单位时会形成一个直角三角形。每隔一步打结一根较短的绳子也是如此，每隔一个人的手宽打结而成的一根更短的绳子也是如此。虽然三角形的大小会有很大不同，但它们是相似的：每个三角形都是一个直角三角形，边长的比例为3：4：5。

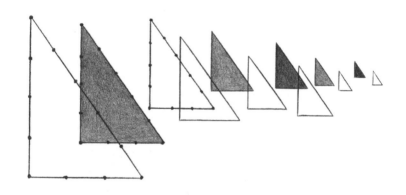

现在，泰勒斯更仔细地研究了由太阳产生的假想直角三角形来测量物体高度的规则，就像他在测量大金字塔时所做的那样。

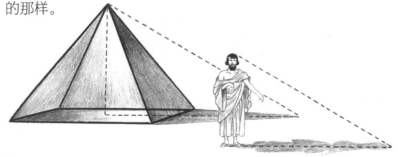

规则：当它们对应的角度相等时，直角三角形是相似的，它们对应的边是成比例的。

埃及对水平线的研究表明，悬挂在三角形顶点的绳子垂直于底部，并将三角形分为两个大小完全相同的直角三角形。然后显而易见的是，任何有两条相等边的三角形都有相等的底角。这样的三角形被称为等腰三角形，在希腊语中的意思是"腿相等"。

规则：在等腰三角形中，两个底角相等。

　　规则：在等边三角形中，每个内角都为 60 度，三个内角之和为 180 度。

　　通过将圆圈分成 6 等分，一种意想不到的新关系出现了。每个三角形中所有 3 条边都等于半径的长度，并且所有 3 个角都等于 60 度。

　　由于两条相互垂直的线形成了 4 个都为 90 度的相等的角，因此很容易看出，当任何两条直线相交时，两对相对的角的角度是相等的。

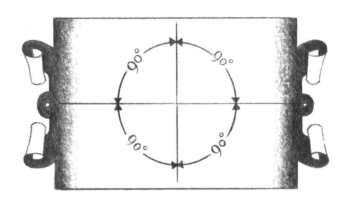

　　一条直线以相同的角度切割两条平行线，从而形成两对小于 90 度和两对大于 90 度的角度相等的角。

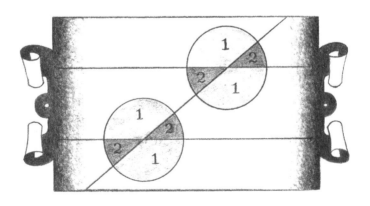

　　规则：一条直线切割两条平行线形成的内错角角度相等。

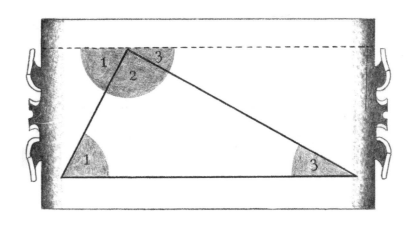

泰勒斯说："通过构造一条平行于任何三角形底部的线，我们可以看到任何三角形的三个角的角度之和等于 180 度。

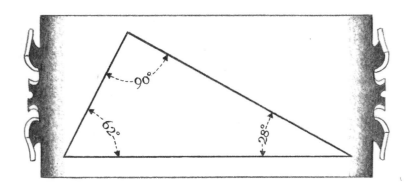

而在任何直角三角形中，由于直角是 90 度，所以其他两个角的角度之和是 90 度。"

最后，泰勒斯向他的朋友们展示了如何将这些规则结合起来，得出关于半圆的重要发现。他指出，从半圆上任意一点到直径两端的两条直线形成一个90度的夹角。你知道他是怎么做到的吗？

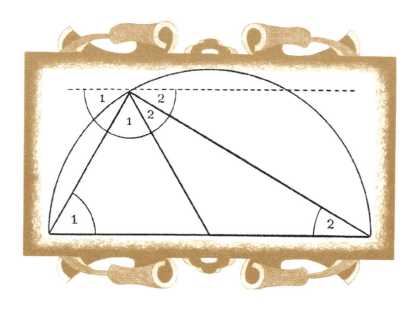

规则：在半圆中任一点，其对直径的两个端点做两条直线形成的圆周角都是直角。

连接半圆上的一点与圆心，将内切三角形分成两个等腰三角形。因为每个三角形都有两条相等的边。我们知道每个等腰三角形都有相等的底角，所以圆周角等于底角的和，2乘以这个和一定等于180度。圆周角是180度的二分之一，也就是90度。

尽管泰勒斯对抽象规则感兴趣，但他始终是一个务实的人，一旦掌握了规则，他就知道应该如何运用它（还记得榨油机的故事吗？）。在他制定了关于三角形的规则后，他用它们来测量海上船只的距离，这对商人来说非常有价值。这是典型的米利都人会做的事情。

同时代的爱奥尼亚人和他不仅是哲学家，也是发明家或改革家。比如狄奥多罗斯，他把埃及的水准仪改进成了希腊的虹吸管；阿那克西曼德，他利用"阴影极点"进行天文测量。这既是爱奥尼亚思想的一部分，也是对宇宙基本物质的推测。泰勒斯是第一个在爱奥尼亚自然哲学的各个分支中都有出色表现的人。

因此，这位务实的商人是真正的理性思维的先驱，这都体现在他的自然观，尤其是他的几何发现中。正是他为绳子、直边和阴影的新游戏制定了最早的规则。作为世界上第一个感受到这种规则必要性的人，他把几何抽象化了。通过建立一个又一个规则，他开始运用伟大的演绎推理的方法，而这些又将被后来的几何学家延续发展。

因为米利都的智者把他的规则传给了其他人，而这些人后来又组成了秘密团体，这个秘密团体最终把这些规则发展成了希腊理论几何的基础！

秘密的学习会

几何、数学和魔术

11. 毕达哥拉斯及其追随者

希腊几何学早期的历史与它在米利都的起源大相径庭。我们所知道的大部分故事都是神话与魔法、形状与规则的融合，所有这些都围绕着毕达哥拉斯这个神话般的人物展开。

他被称为"神圣的"毕达哥拉斯，不仅在他死后，而且在他有生之年，因为公元前 6 世纪的后半部分仍然是一个迷信的时代。爱奥尼亚的"生物学家"只是试图在自然中找到一种有序的模式。大多数人仍然相信神和精灵在树上和闪电中穿行。

毕达哥拉斯就是其中之一。他是萨摩斯岛的本地人，那儿离米利都不远，母亲可能是腓尼基人，父亲可能是希腊人，他是一名石匠。毕达哥拉斯以智慧和魔法艺术而声名远扬，以至于人们开始窃窃私语，说他是太阳神阿波罗之子。

事实上，毕达哥拉斯至少在一段时间内与泰勒斯是同时代的人。他出生在泰勒斯去世前大约 20 年，因此他的职业生涯比泰勒斯要晚。那个时候，萨摩斯的政治局势变得压抑：当地统治者波利拉特统治严厉，邻国波斯帝国苛以重税。于是毕达哥拉斯移民并定居在意大利的小镇克罗托内。在那里，他创立了一个著名的秘密学会，为几何学的发展做出了巨大贡献。我们可以称之为世界上第一个数学俱乐部。

但毕达哥拉斯的大部分人生都带有传奇色彩——不仅仅有像泰勒斯那样有趣的逸事，还有异想天开的故事。太多的发现都应归功于毕达哥拉斯，所以在讲述毕达哥拉斯及其追随者的故事时，我们必须在事实和寓言中选择自己的方式。

首先，毕达哥拉斯延续了泰勒斯中断的部分。因此，我们应该接受他是泰勒斯的学生这个传统认知。

也许是关于泰勒斯令人兴奋的绳子、直边和阴影新游戏的传说已经在整个爱奥尼亚散播开来，人们从邻近的城市和岛屿赶来参加这个游戏。无论如何，有一位游客被米利都深深吸引，他学习这种新的思维方式，寻找规则，并在地面上研究图形，他就是年轻的毕达哥拉斯。

这位年轻人的浓厚兴趣一定让年迈的泰勒斯感到很满意；毕达哥拉斯提出的这些精辟的问题显示出他对知识的渴望。泰勒斯把自己所知道的一切都教给了毕达哥拉斯。然后，他鼓励毕达哥拉斯去古老的土地上旅行，从源头上进行研究。

毕达哥拉斯听从了他的建议，他的旅行范围比泰勒斯的旅行范围还要广。巴比伦的故事激发了毕达哥拉斯的热情，他参观了这座神话般的城市，汲取了迦勒底观星者的知识。当然，他也想看看古埃及的金字塔、方尖碑和寺庙。在那里，他研究了有关孟斐斯和底比斯的祭司们的传说。

此外，仅仅通过游历地中海世界的所有已知地区，他就学到了很多知识。在他漫长的海上航行中，腓尼基水手们向他传授了许多关于星星在航海中的重要性的知识。而且，就像他之前的泰勒斯一样，他以一种人们从未见过的方式看待事物。

在公海上，毕达哥拉斯意识到海面不是平坦的，而是弯曲的。每当远处出现另一艘船时，他就能"看到"这一点。起初，地平线上只能看到它的桅杆顶部；然后，当它向他驶来时，整艘船就会渐渐地映入眼帘。那么，他猜想，地球一定是圆的！那么其他天体呢？

满月时，天空中的月亮是一个圆盘，呈玫瑰色、淡黄色或银白色。随着月亮的盈亏圆缺，你可以想象它的表面也是弯曲的，部分在光线下，部分在阴影下。毫无疑问，月亮也一定是球形的。

灿烂的太阳在天空中形成了一个炽热的圆圈。毕达哥拉斯得出结论：地球、太阳、月亮和行星都是球体。那是一个

完美的形式！一定是这样！在历史上，他被认为是传播这一
思想的第一人。

　　毕达哥拉斯以这种方式观察和研究了许多年。有人说，
他甚至抵达了印度，他因为深受影响，穿上了包括头巾在内
的东方服装。他的某些神秘思想，如数字魔术和转世，也受
到了东方的影响。

　　最后他回到萨摩斯。我们真的不知道他的同胞是如何

接待他的，但许多故事表明，他们对他带回家的所有知识都漠不关心。毕达哥拉斯的第一个学生的故事就能证明这一点。

毕达哥拉斯厌倦了找不到一个愿意听他讲知识的人，他花钱为自己找来了一批听众。他找到了一个顽童——一个又穷又脏的小家伙，男孩每上一节课，他就要付3个银币。

对顽童来说，这确实是一笔划算的交易。他只要在树荫下坐上几个小时，专心听这位智者说话，他就能挣到比在烈日下工作一整天更多的工资。自然地，当毕达哥拉斯向他讲授数学知识时，他全神贯注。

从操绳师的简单计算，到腓尼基航海家的测量方法，再到抽象的规则和推理，毕达哥拉斯带领他的学生畅游知识海洋。很快，这些知识变得如此有趣，以至于男孩乞求越来越多的课程。

在这一点上，毕达哥拉斯解释说，他也是一个穷人，他承担不起付钱给别人听课。于是他们达成了另一项协议。这个男孩存好足够的钱来向毕达哥拉斯支付自己的学费。

这个故事并不能证明毕达哥拉斯最开始是以这种方式结集追随者的，但它展示了绳子、直尺和阴影这一新游戏的魅力，并预测了他作为游戏老师的巨大影响力。

我们可以肯定的是，毕达哥拉斯离开萨摩斯，前往西西里海岸外的一个小岛定居，当时那里挤满了新的希腊殖民者。这个克罗顿岛在数学史上有着不朽的地位。在那里，毕达哥拉斯终于聚集了一群学生，建立了他著名的秘密学习会。

这些"毕达哥拉斯"有一种特殊的生活方式。成员们分享他们所有的共同财产。他们尊重动物，不吃肉或鱼，他们也不穿羊毛衣服，也不宰杀任何生物，除非是向神献祭。

他们是一个研究小组，致力于获取知识，这些知识就是数学！

12. 一个著名的定理

毕达哥拉斯最著名的不是他在克罗顿岛的学习会，也不是他在洞穴里度过多年并获得魔力的怪异传说。它只是几何的一个定理——勾股定理。

勾股定理说：在任何直角三角形中，两边的平方和等于斜边的平方。

这个定理及其证明是一个基础的进步。它成为古代几何的基石，它对理论和实际应用的影响比任何其他几何发现都要大。后来的作家称之为"黄金的度量"。

但也许毕达哥拉斯最出名的应该是其他一些事情。他是第一个把数学作为通识教育来教授学生的人——我们的"数学"一词就是源于他的课程！

毕达哥拉斯讲授数学。在他那个时代的语言中，这个词是指研究，但他用这个词来指数学。勾股数学涵盖了一个很大的领域，但所有的部分都是相互关联的。也许理解这一点的最快方法就是想象一下在举行讲座的露天会所入口处的海报。

这是一个奇怪的四重主题：提升灵魂的音乐、数字特性、古巴比伦关于行星的传说，以及新理论几何的抽象规则。每一个话题都是从数学的角度来研究的——整个课程构成了学

MATHEMATA

习会的基础课程!

"数学家"必须严格学习一门课程好几年，然后才能在幕布后面倾听毕达哥拉斯的讲座。

但等待是值得的。伟大的数学发现归功于这位奇怪的老师，他最为著名的就是毕达哥拉斯定理。

也许讲座是以这样的宣告开始："我终于找到了一个长期困扰我们的问题的解决方案。"当穿着白色长袍和金色凉鞋，头上戴着金色花环的毕达哥拉斯拿起教鞭、绳子和直尺开始演讲时，台下一片肃然。

"听听令我们困惑的问题。这是操绳师使用的埃及直角三角形，直角的边是 3 个单位和 4 个单位，斜边是 5 个单位。

通过计数或计算正方形单位，你可以看到直角两侧正方形的总面积等于斜边上正方形的面积。"

他向新来的人招手，他们一边向前靠近，一边计算：

$$(3 \times 3) + (4 \times 4) = (5 \times 5)$$

$$9 + 16 = 25$$

直到所有人都点头表示同意。

"现在我给你们展示一个进步了的希腊直角。"他把他们的注意力吸引到他们站着的瓷砖地板上，然后在沙子上画出类似的图案，勾勒出重要的部分。

"这里直角的两边相等，同样的关系也成立。"他用指示棒指了指一个三角形和相关的正方形，大家一起数了起来。

"看！两个三角形加上两个三角形等于四个三角形。直角三角形两边的正方形的总面积也等于斜边上的正方形的面积。"

他等到听众点头表示同意，然后继续说：

"在印度，牧师们知道其他能给出类似结果的方法；他们密切关注这些数字，但我们已经发现了其中的一些。在巴比伦，一位牧师占星家悄悄地对我说，这个谜团中有一个秘密从未被揭开。"

现在，听众们都屏息静气，等待毕达哥拉斯的发言，他严肃地说："这个秘密是我们的问题！同样的关系总是适用于任何直角三角形吗？无论它的边有多长，你怎么能证明这一点？"

在这个戏剧性的时刻，他退到幕布后面，而侍从们开始演奏弦乐器。所有人立刻开始交谈，提出建议，争论，大喊大叫。

最后，毕达哥拉斯再次出现。当他继续演讲时，大家立刻安静了下来。

"我现在将向你展示如何构建一个奇妙的数字，它揭示了答案总是确定的！年长的'数学家'会意识到，通过缓慢而仔细地定义构建的每一步，并利用你已经知道的几个简单定理，这个演绎过程可以推导出一个枯燥的结果。今天我只需要快速地画出来，你们就都可以看到我伟大的发现。"

他示意侍从把沙子弄平，然后开始用教鞭画图。

"看这个漂亮的建筑！我画一个正方形的框架，任意大小，在它的角落放一个小正方形，任意大小。接下来我画直线，把小正方形的边一直延长到框架的边缘。"

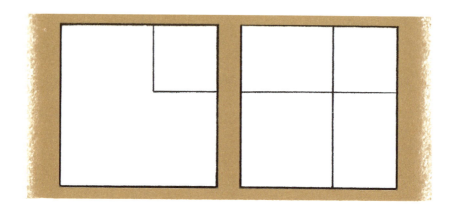

　　"你看到我的相框里有什么了吗？一个小正方形和一个中等正方形，还有两个相等的长方形。

　　"接下来，我简单地在矩形上添加对角线！

　　"这就是我需要的图形。我的框架里现在包含一个小正方形、一个中等正方形和四个相等的直角三角形。现在我请你们仔细观察这个图形。"

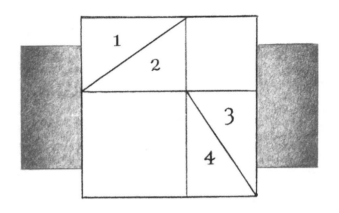

　　毕达哥拉斯向侍从们招手，侍从们把罐子里彩色的沙子倒在画上的各个部分，这样图案就清楚地展示出来了。

　　"再看一遍！"他拿着教鞭，小心翼翼地说，"你们知道，所有的三角形都是相等的；它们是同一个三角形在不同的位置。现在，注意三角形是如何接触正方形的，尤其是三角形2。你们可以看到小正方形是三角形短边上的正方形。中等正方形是三角形长边上的正方形。所以我的框架完全是由四个相等的直角三角形加上短边的正方形和长边的正方形填满的！"

　　毕达哥拉斯停顿了一下，听众们发出低沉的敬畏之声。

　　"现在看！"他缓慢庄重地说。听众们都伸长脖子看，当侍从们倒出更多的彩色沙子时，毕达哥拉斯画出了他最后的杰作。

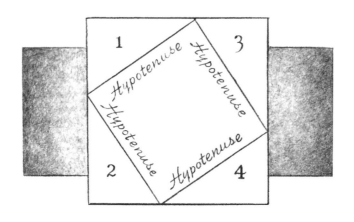

"好好看！我只需要摆动和推动这四个三角形，像这样，这样它们就能完美地融入框架的四个角，我的框架现在完全被四个相等的直角三角形和以它们的斜边为边的正方形填满了！

"因此，在任何直角三角形中，一边的正方形面积加上另一边的正方形面积就等于斜边上的正方形面积！"

我们可以想象，听众们发出了强有力的欢呼声。因为这个定理是毕达哥拉斯学派关于几何学的一个真正的里程碑。后来几乎所有涉及长度和测量的几何工作都是以它为基础的。这种通过把问题画出来解决问题的方式，仍然是希腊几何的主要特征。

但对于第一个听到这个定理的人来说，这个定理一定就像一个神秘的启示。传说，毕达哥拉斯自己为庆祝这一时刻，

向他的"神圣的父亲"阿波罗献上了一头牛。无论他献上了什么，我们都可以很容易地从流传下来的诗句中想象出当时的庆祝活动：

"著名的毕达哥拉斯发现这一切的那一天，他为众神带来了一个象征荣誉的祭品！"

13. "众神的骰子"

随着时间的推移，毕达哥拉斯做出了更令人兴奋的发现，并赋予了它们奇怪的宇宙意义。

这种奇特的融合是毕达哥拉斯几何学的特点。因为他们的学习会正在数字与抽象形式相结合的奇妙新领域中寻找一把通往宇宙的特殊钥匙：三角形、圆形、正方形、球体，以及他们自己创作的更精巧的图形。

他们的研究达到了激动人心的高潮。经过漫长而痛苦的实验，他们发现了 5 种规则的立体图形。这些都是引人注目、形式美丽的多面体，或者说它们是有很多面的那种形状。

我们只能从传说和历史中猜测构建这 5 种立体图形的完

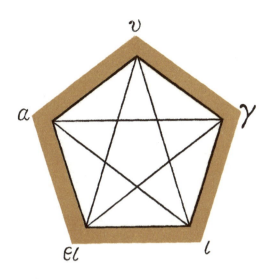

整故事，因为所有实验都是高度保密的。

为了给新加入者留下深刻印象，也许他们被教授的第一件事就是如何制作神秘的"五角星"，即学员在衣服上佩戴的徽章。他们先在布上描绘一个五边形，然后它的点与对角线相连，形成一个五角星。最后，在星星的5个点周围放上了希腊字母（hygeia），这在希腊语中表示"健康"，我们从中得到了"卫生"一词。

几个世纪以来，这个"魔法五角星"一直是巫师和魔术师最喜欢的图案。但这也是一个新创造：第一次在几何图形上标记字母。

下一个可能与新加入者共享的实验是基础的瓷砖实验，

实验材料就是普通的地砖。学习会对许多希腊地板上的这些紧密贴合的图形进行了深入研究。

他们随意制作了各种形状的瓷砖，并将其按图案放在地上。他们得出了一个惊人的结论：只有三种规则形状的瓷砖——三角形（三条边）、正方形（四条边）和六边形（六条边）可以完美地贴合在一起，完全平整地铺盖一个平坦的区域。没有其他大小和形状相同的规则几何形状可以如此完美贴合。

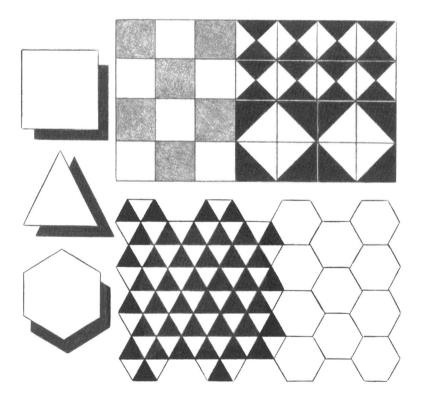

他们尝试使用五边形，但他们只能得到一个美丽的花朵状图案，瓷砖之间有缝隙，而超过六边的瓷砖总是会重叠。

他们向新加入者解释了这个谜团："由于一个点周围有四个直角（360°），你只能使用角加在一起的形式。只有三种可能性：六个60°的等边三角形、四个90°的正方形和三个120°的六边形。"

从这个简单的实验中产生了一个有趣的想法，即通过用砂浆将瓷砖固定在一起，或者将木材形状黏合在一起，或将皮革缝合在一起，来制作"立体角"。这就产生了具有立体角的建筑形状。

他们称它们为规则立体图形，因为每个立体图形中所有的边、面和角度都相等。正如我们所说，经过大量的实验，他们发现了五种这样的立体图形。前两个从最古老的时候起就已经为人所知，但接下来的两个是人类从未见过的形状。

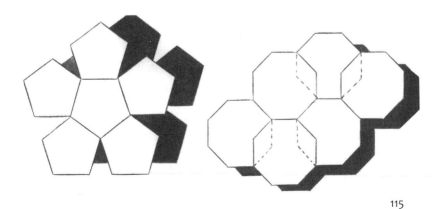

至于第五个，这是一个惊人的发现，他们认为自己扰乱了宇宙的秩序！

六面体。他们将三块正方形的瓷砖摆成一个角度，再加上三块瓷砖，形成一个有六个正方形面的立方体，他们称之为六面体。

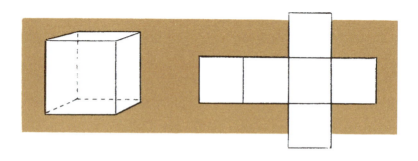

正棱锥体。他们把三个等边三角形放在一起构成一个立体角，然后再加一个等边三角形的底座。

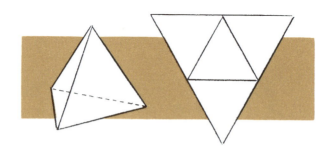

八面体。这是用八个等边三角形构成的两个立体角连接而成的，所以他们把这个具有八个面的形状命名为八面体。

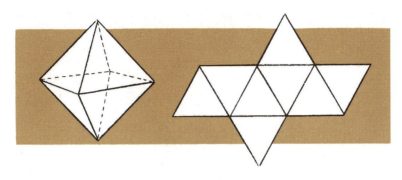

二十面体。这是一个真正的挑战。当他们把五个等边三角形拼在一起时,他们得到了惊喜!这个立体角形成的底是一个五边形。现在,他们可以完美地画出他们的徽章,而不仅仅是徒手画。但他们怎么能制作出一个规则的立体图形——每个顶点周围有五个等边三角形?他们早期的所有尝试都失败了。最后,有人突然有了正确的灵感——顶部是五个等边三角形,底部是五个三角形,然后是基于古巴比伦图案的十个三角形的中心带。他们终于做出来了一个有二十个三角形的面的二十面体。

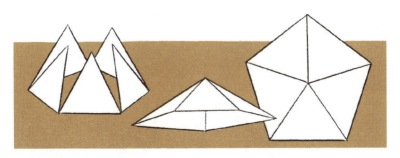

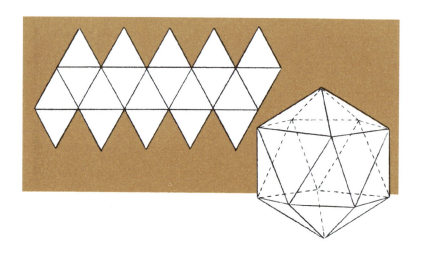

十二面体。最后一种形式也是毕达哥拉斯学习会所珍视
的。他们使用了一个五边形的花朵状图案，一个五边形周
围被五个其他的五边形围绕着——这些瓷砖在平坦的地板
上是不能完美拼合的。但是，如果把周围的五边形抬起，那

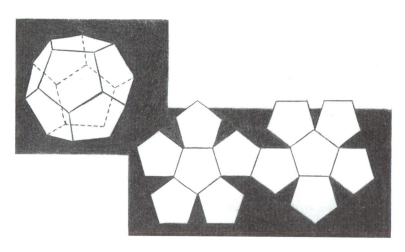

么六个五边形一起完美地构成了一个立体的杯状。这可以用一个倒置的像它一样的形状来完成，从而产生五种规则立体图形中最困难和最美丽的十二面体——它有十二个五边形的面。

这五种形状在第一批研究它们的几何学家中引起了极大的轰动。人们迷恋而敬畏地审视着它们，把玩它们，把它们转成不同的姿势，盯着它们看，就好像它们是能被看透似的。不可避免地，毕达哥拉斯最终赋予了它们神秘的意义。

这种观念是那个时代的典型思想。两千多年后，著名的天文学家开普勒仍然对这五种规则立体形状的独特性质感到敬畏，他试图把它们应用于行星轨道：他把立方体分配给土星，金字塔分配给木星，十二面体分配给火星，二十面体分配给金星，八面体分配给水星，他甚至试图设计一台机器来展示这一切！当然，他的尝试失败了。

然而，即使在今天，这些立体图形的精妙和其间的相互关联看上去也近乎神奇。

首先，令人吃惊的是只有五种。无限多个正多边形可以内接在一个圆中——它们的边变得如此之小，以至于接近圆本身的形状。但球面内接的规则凸多面体却不是这样。只有

这五种可能的形状，没有其他形状。

　　这五种形状以一种最显著的方式相互连接。这五种都可以结合在一起，一个放在另一个里面，就像魔法盒子的隔间一样。它们通过一种奇怪的内在和谐进一步联系在一起。通过某种无休止的规律交替，它们可以与自己契合，也可以与彼此契合，因此，毫无疑问地，这五种规则立体图形长期以来被称为"众神的骰子"。

14. 无法言说的悲剧

在毕达哥拉斯的学习会崩溃之前，他们认为自己掌握了宇宙的钥匙。

然后一切都崩溃了。他们的整个计划被一个致命的发现摧毁了。然而，当我们重述这个悲伤的故事时，我们会发现这不算是一场完全的悲剧，因为毕达哥拉斯确实短暂地享受了他们的"宇宙钥匙"。这把钥匙不存在于单独的抽象形状中，也不存在于音乐和星星中，而是存在于他们认为将所有这一切联系在一起的那个因素——数字中。

毕达哥拉斯曾说过："一切都是数字！"

他们感兴趣的是数字本身的性质——奇数、偶数、可分割、不可分割，以及数字之间的关系。这是他们的算术。他们将其应用于其他三个领域，他们在每个领域中都发现了惊人的数字模型。

例如，在音乐中，毕达哥拉斯本人就发现了整数和音程之间的关系。

一个版本的传说是，在长途航行中，毕达哥拉斯听着船帆拍打的声音，风在牵拉船桅的绳索间呼啸而过，演奏出旋律，他决定持续地调查暴风雨般的声音和振动的琴弦之间的联系。

另一个版本的传说是，毕达哥拉斯在克罗托内镇漫步，听着从铁匠铺传来的锤子敲击铁砧的音乐声，陷入沉思，他突然被一些孩子穿过街道的绷紧的绳子绊倒，他收获了实验的灵感。

但最受欢迎的传说是，这个想法直接来自他的"神的父亲"阿波罗——音乐之神的弦乐器七弦琴。

无论如何，毕达哥拉斯用不同长度的拉伸绳子在同样的张力下进行实验。很快，他发现了振动弦的长度和音符音高之间的关系。他发现，一个音符的八度音阶、五度音阶和四度音阶可以由一根弦在不同的张力下发出，只需将手"停"在弦不同的地方：八度音阶在弦位置的一半，五度音阶在弦位置的三分之二，四度音阶在弦位置的四分之三。

还有其他一些音乐上的创新也要归功于毕达哥拉斯，比如一种用于研究泛音的单弦装置。但他最伟大的发现是四音列，其中最重要的和声间隔是通过整数 1、2、3、4 的比例得出的。他的学习会赋予这种四音列神秘的意义，并常说："德尔斐神谕是什么？四音列！因为它是塞壬的音阶。"

　　毕达哥拉斯和他的学生甚至把它运用于天文学。在研究了数字和音乐的关系之后，他们相信自己已经找到了引导"漫游"行星穿过天空的模式。他们把太阳和行星想象成几何上完美的球体，以完美的圆形轨道在可见的圆形天空中移动，它们之间被和谐的比例分开——这就是音乐的间歇！他们以线条、音调和数学比例展示了时间和空间的场景。他们甚至想象着明亮的行星发出和谐的音调，即所谓的"星球的音乐"。

　　但正是在代数和几何这两门数学学科完全结合起来之后，勾股学才有了最可靠的基础。

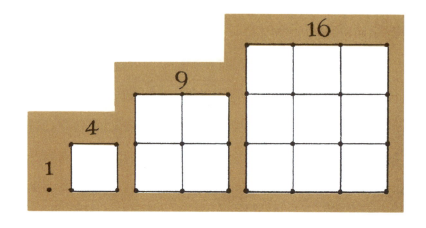

他们发现，所有的数字，实际上都有几何的形状。有三角形数字、正方形数字、五边形数字、矩形数字等。

这并不是像"歌唱的行星"那样疯狂的幻想。这是一个真正的数学发现，起源于他们根本不通过写数字来做数字工作的情景。与那些把鹅卵石放在沙子上的人不同，毕达哥拉斯和他的学生把他们的鹅卵石按照固定的规律放在图案中，并为每个图案添加额外的边。他们最重要的两个数是平方数和三角数。

对毕达哥拉斯来说，最重要的数字是第 4 个三角数——10，因为它是由 1+2+3+4 构成的。他们称之为"神圣的四进制"，并作为"永恒自然的源泉和根源"赋予它奇妙的特性。

正如毕达哥拉斯认为他们得到了越来越多的证据证明数字无处不在一样，几何和数字之间的整个联系——这是他们思考的基础——被一个灾难性的实验打破了。

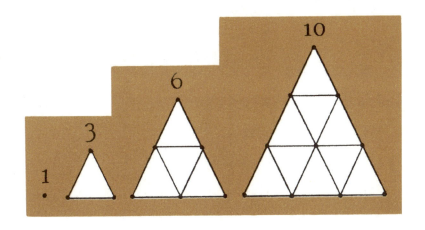

这个想法只是为了找到与毕达哥拉斯定理的两个直角三角形——埃及三角形和瓷砖地板上的三角形的边相匹配的数字。

当然，埃及的绳索三角形构成非常完美：它的边 3-4-5 构成了一个美丽的勾股系列。他们用鹅卵石标明间隔。那么，希腊瓷砖设计中两边相等的直角三角形呢？

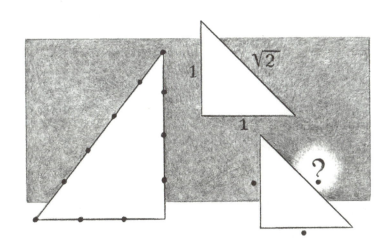

假设每一侧的长度为 1 个单位，则需要 1 个鹅卵石。然后是斜边——他们应该把多少鹅卵石放在那里？两边的平方和等于斜边的平方。因此

$1^2 = 1$（一边是正方形）

和 $1^2 = 1$（另一边是正方形），

并且 $1 + 1 = 2$，

所以 2 是斜边上的正方形面积。斜边就是 2 的平方根。

但是 2 的平方根是多少？

它不可能是一个整数，因为在 1 和 2 之间没有整数。

那么它是介于 1 和 2 之间的整数的比率吗？他们满怀希望地尝试了所有可能的比率，然后与其自身相乘，看看答案是否为 2。没有找到这样的比率。

经过漫长而徒劳的工作，毕达哥拉斯们不得不放弃。他们根本找不到任何数字是 2 的平方根。我们把答案写成 1.4141……，一个连续的小数，但他们不能这样做，因为他们没有零和小数的概念。他们可以很容易地画出斜边，但不能用数字来表示斜边的长度。这是"无法言说的"！

毕达哥拉斯们吓坏了，称 $\sqrt{2}$ 为无理数。在那之后，他们发现了其他无理数，并发誓要保守秘密，因为这些无理数的发现破坏了他们整个由整数引导构建的精妙的宇宙系统。

在学习会解散之后，越来越多的"数学家"出来当老师谋生。毕达哥拉斯的想法虽然已经被推翻，但他的理想在这个更广阔的领域继续存在。他追求知识是为了知识本身，热爱智慧本身。他深知知识是可以分享的，不会因为分享而变少，它贯穿一生，让学识渊博之人死后亦名垂千古。而学习会的解散让他的知识遗产得以传遍世界。

几何学如今已公之于众——这是新的毕达哥拉斯几何学。诚然，数学中仍掺杂着一些魔法：数字神秘主义、关于正多面体的宇宙观念。但除此之外，还有著名的定理及其应用、对形状的仔细研究、数论以及无理数的发现。

从学院到博物馆

几何、艺术与科学

15. 黄金时代与黄金分割

公元前 5 世纪下半叶是希腊的黄金时代。这个时代的希腊拥有最美丽的艺术和建筑，以及一些最具智慧的思想家。这两者在很大程度上都应归功于流行的几何学新研究。

到了下个世纪初，几何本身进入了自己的经典时代，并取得了一系列伟大的发展。那是一个辉煌的时代，波斯侵略者已经被永远赶出了希腊，伯里克利正在把雅典重建成世界上最美丽的城市。在他的邀请下，来自其他地方的希腊数学家蜂拥而至。阿那克萨哥拉来自爱奥尼亚，他的绰号是"心灵"。博学的毕达哥拉斯和著名的埃利亚的芝诺分别来自意大利南部和西西里岛。

人们把卫城巨大的新露天剧院挤满了，他们聆听希腊最伟大剧作家的不朽悲剧和喜剧。在卫城的山丘上，新的大理石神庙、青铜雕像和彩绘雕像矗立着。这些辉煌的公共作品是在雕塑家菲迪亚斯和几位建筑师的指导下完成的，他们都熟知并运用了几何和光学原理。

"艺术上的成功，"他们坚持说，"是通过许许多多在数学比例上一丝不苟的准确实现的。"他们的建筑有着前所未有的令人炫目的完美——精心设计的几何和谐之美。

在城市的其他地方，新几何以另一种形式展现出它的影响。世界著名哲学家在雅典的羊肠小道上散步，他与人们对话，讲授数学、地理、修辞学，和人们讨论如何过上美好的生活。苏格拉底和其他人发问："什么是美？什么是美德？"，他们还试图教会人们思考答案。

他们的方法是从几何学家那里借来的。他们称之为辩证法，它是基于几何学的演绎推理和证明。

几何本身在黄金时代和随后的黑暗时期都取得了巨大的进步。即使雅典的民主制度在与斯巴达的战争中崩溃后，几何仍旧继续在雅典蓬勃发展。

但现在，就在公元4世纪时，研究开始在有独立场地和建筑的学校里进行了。其中最早也是最著名的是由伟大哲学家柏拉图领导的学院。它位于城外约800米处的一片橄榄林中，学院的大门上有这样的铭文：

不要让不懂几何的人进入这里

柏拉图学院是最早的高等学府。坦率地说，它的课程受到毕达哥拉斯学习会的课程的启发，其研究范围更广了——最大的分支是道德和政治哲学。理想仍然是纯粹的智慧，基本的训练仍然是数学。

当他的老师苏格拉底被雅典政府处死时，柏拉图逃到了西西里岛。在那里，他师从著名的勾股主义者，他学习数学，学习哲学，涉足政治。最后，他回到雅典的家中，创办了自己的学校，使其成为希腊伟大的数学中心。那个时代的大多数数学家都是他的朋友或与他的学院有联系。

也许在柏拉图学院学习的最有天赋的几何学家是欧多克斯，他最终打破了无理数的僵局，解放了几何，迎接了即将到来的大发展。他是如何做到这一点的？通过他的比例新理论。这是一个令人兴奋的故事，如果我们再加上一点想象力，我们就能对柏拉图时代的雅典和柏拉图的学院投去一瞥。

24 岁时，为了在柏拉图学院学习，欧多克斯从黑海沿岸的家乡尼多斯来到雅典。他太穷了，租不起城里的房子，只能住在比雷埃夫斯的小海港，每天步行上学。当然，他已经掌握了一些几何学知识——这是入学要求。但在学院里，他对几何图形上的无理数问题特别感兴趣。因为在雅典，这个问题每天以混凝土(或者更确切地说，是大理石)的形式出现。

在高耸的卫城上，在波光粼粼的天空的映衬下，矗立着一座被称为帕特农神庙的美丽神庙，这是伯里克利时代最美妙的纪念碑，甚至在今天，这座"完美"建筑的废墟都令我

们着迷。帕特农神庙是由伊克蒂诺斯和卡利克拉底根据数学原理设计的。它周围的柱子就是"数字"应用的一个例子：前面有 8 根柱子，正如毕达哥拉斯所建议的那样，是偶数，所以没有会挡住视线的中央柱子；但每侧有 17 根柱子，是奇数，是没问题的。为了纠正光学失真，它的一些线条被特意地弯曲和倾斜。

　　但最重要的是，帕特农神庙是完美建筑比例的典范。直到现在，学者们仍然惊叹于整个建筑及其各个部分的和谐比例。这种美是通过当时流行的"动态矩形"实现的。

　　像当时的许多希腊神庙一样，帕特农神庙使用了"根号

5矩形"，一个具有无理数（5的平方根）的边的矩形。这个"根号5矩形"是如何使用的？它是如何被构建和证明是无理数的？欧多克斯是如何从其中分析出所有线性比例中最美丽的是黄金分割的？这就是我们的故事。

在黄金时代的建筑中，这种发展是自然而然的。我们必须记住，希腊的建筑师并没有像我们今天这样精确到英寸或厘米的测量尺。地基的规划仍沿用老办法，用绳子、直尺、水平仪和木匠的直角尺或"三角板"来绘制。一些较古老的神庙，甚至还有少数新建的神庙，它们的设计都是相当粗略的。

但随着几何学在雅典的流行，建筑师们开始用绳子和直尺精心绘制规划图，因为几何图形很容易在建筑本身中被精确放大。

神庙仍然是严格的矩形，但现在最受欢迎的矩形是由一种"结构"制成的：一个由半圆外接的正方形。这个数字给了你矩形的形状：它和半圆的直径一样长，和内接正方形的

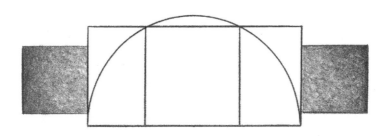

边长一样高。用勾股定理计算它的数值很容易；在那个时代，任何建筑师或学院的学生都知道该怎么做。这个矩形的长度是个无理数。当其宽度为 1 时，其长度为 $\sqrt{5}$。

这个"根号 5 矩形"足以让毕达哥拉斯们望而却步——但欧多克斯属于一个新时代。在学院学习了一段时间后，他去了埃及，他在那里师从学识渊博的牧师。之后，他四处旅行，建立了自己的学校。几年后，他回到雅典，重访他以前的老师柏拉图。

这一次，欧多克斯并不是作为一个穷学生来的，而是作为一个公认的几何大师来的。为了显示自己的重要性，他现在留着埃及式的胡子和眉毛。陪同他的是他自己的几个学生，学院宣布专门为他放假。所有的学生都想见他，他们挤进了橄榄树树荫下著名的露天演讲台。在那里——我们可以想象——他教授了他们"根号 5 矩形"中比例的几何解，这曾是让他在学生时代感到困惑的事情。

他说："我会请你完全忽略数字，彻底忘记'根号 5 矩形'的数字尺寸。相反，我们将尝试在几何量之间找到一个比例。现在，看看建筑本身，半圆中的内接正方形。"欧多克斯用绳子和直尺在沙子上将它画了出来。

"看看整个建筑中的直线。你将看到，整体只有两个几

何量。它们是什么？一个是 b，正方形的边长。现在研究半圆的直径。那条线上有三段。最长的那段就是 b，即正方形的边长。两边的两个短线段 a 和 a 是相等的——每一段长都等于半径减去正方形边长的一半。

"因此，问题简化为最简单的表达，就是找到几何量 a 和

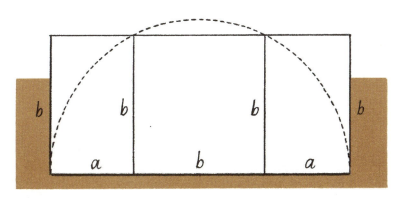

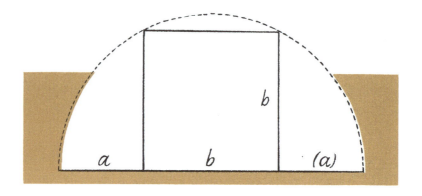

b 之间的比例，而不考虑任何数值维度。这是一张图，简化后以最简单的形式展示问题。

"只考虑线 $a+b$，也就是说，只考虑直径中我们的两个量 a 和 b，它们可以定义为一条线段中的短线段部分和长线段部分。

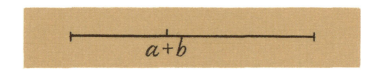

"现在我的问题是：连接 a 和 b，这条线的短线段和长线段的比例是多少？有人知道怎么找到吗？"聚集在学院小树林里的学生们凝视着图画，窃窃私语地讨论着这个"简单的"问题，他们激动不已。柏拉图本人微笑着站在一旁。最后，当没有人主动请缨时，欧多克斯举起手示意，他将继续讲下去。

"没有什么比答案更简单的了。它涉及一个非常简单的结构，你们都已经知道了。从正方形的右上角，我只画两条线

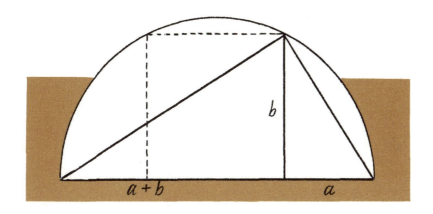

到直径的两端。你会得到什么？"他指着前排一位热情的学生。

"当然是一个直角三角形！"男孩几乎喊了出来，"从圆周上任意一点到直径的两端所画的线都构成一个直角！"

"你还看到了什么？"

几个学生立刻回答："在这个大直角三角形里面还有两个直角三角形！它们是由正方形的一条边组成的——不过现在这条边是从大直角三角形的顶点向其斜边所作的垂线。"

"绝对正确！"欧多克斯指着他们说，"我们将 S 表示 Small，M 表示 Medium；当然，大直角三角形可以用 L 表示，因为 Large 表示大。现在，你看到这三个直角三角形之间的关系了吗？"

欧多克斯停顿了一下，所有学生都聚精会神地盯着图形看。突然，一个男孩从后排喊道："这三个直角三角形相似，不是吗？"

"你如何证明这一点？"欧多克斯点头表示赞同。

"先生，它们是相似的，因为它们的角度是相等的。如果你能把三个直角三角形旋转起来，并排竖直地画出来，那么其他人都能看到证据。"

欧多克斯高兴地答应了，他解释说，用教鞭是为了引起思考速度较慢的学生注意。"在图中，每个较小的三角形都有一个与大三角形相同的角度。但我们知道，在任何直角三角形中，其他两个角的总和都是 90°。所以剩下的每个角度必须分别相等。因此，这三个直角三角形是相似的，就像——小伙子，你叫什么名字？——正如梅诺在这里所说，因为它们的角度是相等的。梅诺解决了问题！"

"但是，先生，"梅诺惊讶地抗议道，"我们知道直角三角形是相似的，但这有什么用呢？"

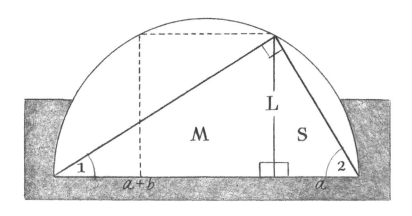

"有什么用？"欧多克斯笑着重复道，"再看一遍，你们都会看到把几何量 a 和 b 联系在一起的美丽比例。"他迅速地把沙上所有的图画指了一遍。

"只需从最终图形中提取尺寸，并将其放在易于看到的类似直角三角形上，只有小号的和中号的三角形。你知道，当直角三角形相似时，它们对应的边是成比例的。因此，

$$\frac{小三角形的短边}{小三角形的长边} = \frac{中三角形的短边}{中三角形的长边}$$

换句话说：a 比 b 等于 b 比 a+b

"这就是你的比例！只要在线上仔细观察，你就会发现它有多美：

$$a : b = b : (a+b)$$

短段比长段等于长段比整段

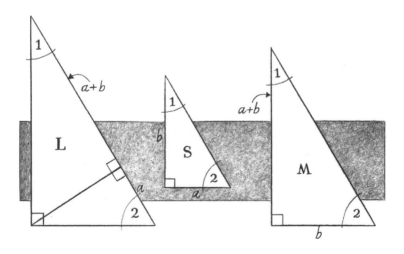

139

"太伟大了！太伟大了！太伟大了！"所有的学生齐声喊道，这在希腊语中相当于三声欢呼。

柏拉图本人也加入了赞美的行列，并发表了简短的演讲。"你刚刚看到了一个美丽的演示和证明——这是几何学中最巧妙的一个。这个比例远比它引发的问题重要。所以我会请大家为下次任务复习一下结构。

"在一个半圆内画一个内接正方形，你就可以用一条直线做一些真正奇妙的事情。你可以把这条线分成两个不相等的部分，这样短的部分对长的部分就像长的部分对整条线一样。你能欣赏这个比例吗？线段的这个部分，或者说截取线段，非常重要，从现在起我们将称之为'一段线段'。"柏拉图在沙子上写写画画。

那天晚上，柏拉图为欧多克斯举行了宴会——历史记录了这一事件——并且欧多克斯亲述了这一发现剩下的部分。在我们与他们共进晚餐之前，让我们停下来（像学院的学生一样），体会一下"部分"的重要性。柏拉图本人在他的著作中，总是这么说。但后来的作家将其命名为"黄金分割"。

黄金分割之所以经久不衰，不仅在于比例本身的美丽，还在于它在建筑和艺术中的应用。希腊建筑中经常使用"根号5"和黄金分割矩形。此后，学者们发现，如今在希腊山

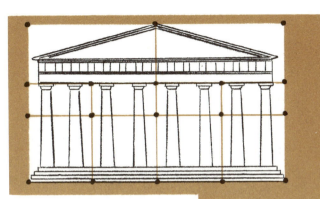

帕台农神庙的正面设计显然是围绕着 2 个大矩形和 4 个小矩形的黄金分割比例，即 $\sqrt{5}$ 比例，放置在 4 个正方形之上。

$\sqrt{5}$		$\sqrt{5}$	
$\sqrt{5}$	$\sqrt{5}$	$\sqrt{5}$	$\sqrt{5}$
Sq	Sq	Sq	Sq

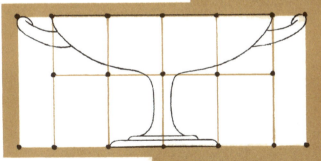

这只被称为基里克斯陶杯的希腊花瓶，也利用了黄金分割。花瓶的碗部按照 4 个正方形的比例并排放在一起。

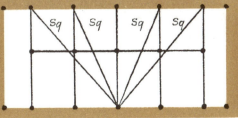

丘上和世界各地的博物馆里，许多最漂亮的古典花瓶和雕像都是利用了同样的比例。之后历代的雕塑家和画家也沿用了这个比例。

黄金分割与人体比例惊人地相关。你只要看看你自己的手、手指和前臂的不同长度，你自己就能发现这一切。第一个手指关节的长度与后面两个关节的长度之比，就等于这两个关节与整个手指的长度之比！中指的长度与手掌的长度之比，就等于手掌的长度与整个手的长度之比！手的长度与前臂的长度之比就等于前臂的长度与从指尖到肘部的整个长度之比。

专家们进行了更多的测量，他们发现这个比例贯穿了整个

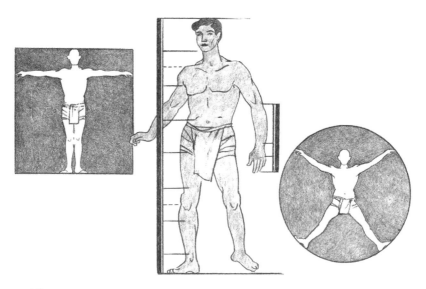

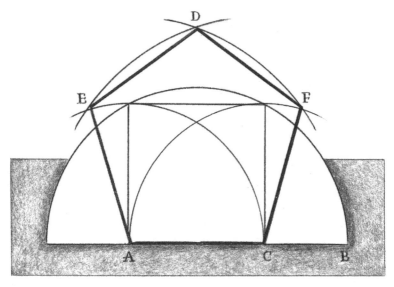

以 *AB* 为半径,以 *A* 和 *C* 为圆心,画出在 *D* 相交的弧。 以 *AC* 为半径,画出在 *E* 和 *F* 处与长弧相交的弧。 然后 *AC*、*CF*、*FD*、*DE*、*EA* 构成一个五边形。 画出 *AF*、*EC*、*DA* 和 *DC*,它们可以构成一个五角星。

人类骨骼——当然,也并不完全是这样,这是一种"理想"的比例或美丽的标准。这就是为什么黄金分割几个世纪以来吸引了许多最伟大的艺术家。例如,达·芬奇,他将之称为"神圣分割"。

然而,在柏拉图时代,黄金分割在几何学中的直接运用更为引人注目。

实际上,这个比例是五边形和第五个规则立体图形——

十二面体的几何构造的关键，十二面体有十二个五边形面，而不仅仅是像以前那样用瓷砖随意绘制或构建，而是要用绳子和直尺来完美构建。如果你仅使用黄金分割，这些和其他美丽的形状也能很容易地被绘制出来。

"黄金分割最重要的是它激发了人们的思考，"欧多克斯在晚餐时对柏拉图说，"在黄金分割中，长度是无理数，但它并不困难，因为它是用几何处理的。因此，我一直在研究比例的新定义——将数字的概念扩展到包括无理数以及长度的概念，这样一来，定理对所有直线都是正确的。"

当然，这种对话是想象出来的，但尼多斯的欧多克斯确实是他那个时代最伟大的数学家，而黄金分割定理是他最引

人注目的成就。另一位名叫泰阿泰德的伟大几何学家，他是欧多克斯和柏拉图共同的雅典朋友，他可能先行一步研究了定理，然后无疑是柏拉图本人在学院教授了这门学科。但最终是欧多克斯用他华丽的新比例理论打破了数字的巨大困境，所以我们把他塑造成了我们故事的英雄。他一定在学生时代就对帕特农神庙进行了认真思考。他在回访雅典的时候，在橄榄树林中，展示了黄金分割，这是我们"诗的破格"。这样，你就可以亲眼看到黄金分割在希腊黄金时代的重要作用，以及在柏拉图学院，欧多克斯和其他人如何为未来更辉煌的发展解放几何。

16. 毕竟是一条捷径

公元前四世纪，希腊几何学突破了极限，并在"巨人时代"取得了巨大发展。希腊文化也从希腊本土喷涌而出，传播到了地中海东部的大部分地区。

这两个发展都与亚历山大大帝这个浪漫主义人物有关。在柏拉图时代之后，学院的老师和校友们纷纷建立了自己的学校。特别是柏拉图最著名的伙伴——伟大的哲学家亚里士多德，他在雅典建立了学园，并开始对人类知识进行系统的分类。马其顿的勇士国王亚历山大是亚里士多德最著名的学生，他曾试图征服世界。

在短短十三年的时间里，亚历山大将他的统治范围扩大到了希腊本土，以及爱奥尼亚、腓尼基、埃及和波斯的广大领土，远至印度。他死后，他的帝国解体了。但在那些遥远的土地上，他建立了希腊城市，播下了希腊文明的种子——希腊语言、希腊艺术，当然还有希腊数学。

数学家和他的军队一起同行。民间甚至还流传着一个有关亚历山大本人在几何研究方面是多么努力的故事。

曾师从柏拉图和欧多克斯的梅纳希玛斯试图教授给亚历山大一些几何证明。这节课进行得很糟糕。"大师，"亚历山大喊道，"在我的王国里，有专门为国王所建的捷径——一条平坦的皇家道路。你就不能让几何对我来说更容易些吗？"

梅纳希玛斯做出了至今流传于世的回答："陛下，通往几何的道路没有王道。"

然而，终究还是有了一条捷径。在梅纳希玛斯之前和之后，许多几何学家都为构建它付出了巨大的努力。

在公元前五世纪和公元前四世纪，这些几何学家信奉希腊的信仰，认为绅士的职业应该是进行抽象思考，而不是机械工作。因此，他们远离实际应用，致力于对现有证明进行打磨和抛光，并因此发现越来越多的新证明。这些思想家是各种各样的——梦想家、冒险家、发现者、组织者。有些人属于这些类别中的某种或两种，有些人具有这些类别的所有特征。早期的有柏拉图的几何老师塔伦图姆的阿契塔，希俄斯的希波克拉底，他试图将所有的规则结合在一起，以及居鲁尼的西奥多勒斯，他发现了许多无理数。在柏拉图时代，最伟大的两位思想家是雅典的泰阿泰德和尼多斯的欧多克斯。在亚里士多德的学园和之后柏拉图的学院，更多的人致力于改进定义和假设，并做出新的抽象发现，这其中就包括亚历山大的老师梅纳希玛斯。

但在亚历山大征服希腊后，人们不再排斥机械工作。一种新的氛围在他的继任者的希腊化或部分希腊化的君主国盛行。世界贸易、进步的航海技术和更好的耕作方法成为当时的主流，数学家们将注意力转向了解决实际问题。他们制造了水钟、灌溉设备、船舶下水的齿轮以及各种索具和齿轮。

锡拉丘兹的阿基米德是这个时代后期最杰出的数学家，也是古代的机械奇才。在他的众多发明中，有一种被称为"阿基米德螺旋"的装置，它可以把水从漏水的船舱里抽出来或把水从被淹的矿井里排出去。

他对杠杆极其了解，他曾说过："给我一个支点，我就能撬起整个地球！"

但阿基米德最辉煌的成就是与锡拉丘兹的防御系统有关，他在那里服务于国王希罗二世的宫廷。这座富饶美丽的城市对航行地中海的罗马舰队司令马塞勒斯来说是一个巨大的诱惑。他一次又一次地指挥发起对锡拉丘兹的进攻，但每次进攻都被阿基米德的精妙机器击退了。

有一次，罗马船只被城墙后弹射器投掷的火球给烧毁了。

还有一次，一个由杠杆和滑轮操纵的大爪子结结实实地抓住了罗马船只的船头，将它们举到空中，然后把它们扔回大海。

在另一次袭击中，一面巨大的镜子将太阳光线集中照射在罗马舰队上，成功点燃了船只。

自然而然，每当有人建议他们重回锡拉丘兹时，那些不高兴的罗马水手就会喊道："哦，不！再也不会了！"甚至马塞勒斯自己也曾称阿基米德为"那个几何的百臂巨人"。

阿基米德的许多机器甚至在早期就证明了科学在战争与和平中的重要价值。不仅如此，他在纯数学领域也做出了更重要、影响更深远的发现，他和其他亚历山大时代的几何学家都如同他们的前辈一样，致力于抽象思考。事实上，从黄金时代到柏拉图时代，再到希腊时代，他们都被一系列引人入胜的抽象问题所吸引。

这就是三个著名的谜题——只能使用直尺和绳子进行的构造。其中一个被称为"化圆为方"：你怎么能构造一个与圆面积相同的正方形？另一个是"三等分一个角度"：你怎样把一个角度分成三等分呢？还有一个是"将立方体加倍"：如何构建一个体积是另一个立方体体积两倍的立方体？

关于立方体谜题的起源，流传着一个奇怪的故事。公元前四百三十年，一场大瘟疫肆虐雅典，雅典市民向德洛斯的神谕求助。神谕回答说，如果雅典人将阿波罗祭坛的大小扩大一倍而不改变其形状，瘟疫就会停止。祭坛是一个立方体！

历史学家不认为这个故事是真的。相反，他们认为，这是后来编造的，目的是掩盖"三个几何谜题"实际上是无用的问题这一事实。但是，数学家们经常要完成看似无用的任务，而这些任务，只要能细心、耐心和坚持去完成，最

终就会产生最有用的结果。无用问题的有用结果可以写一整本书！

　　这三个几何谜题，它们不仅毫无用处，而且仅仅使用这些工具是根本不可能完成的。这些结构根本无法通过仅仅使用细绳和直尺构造出来！直到两千多年之后，这一点才被明确证明了。

　　因此，从公元前五世纪到公元前三世纪，许多几何学家对这三个谜题的研究都是徒劳的。解决这些问题的尝试导致了新曲线的发明，这些曲线打破了规则——它们是通过各种机械或三维方法构造出来的。

梅纳希玛斯自己也在努力解决将立方体加倍的问题，他想出了用平面切割圆锥体的思路。他切割的想法是一个划时代的发现，后来由阿基米德亲手实践。

它们是三条新的曲线——椭圆、抛物线和双曲线，命名于那个时代的希腊名字至今仍在使用。

如果你亲手剖开一个圆锥体，你就能亲眼看到这些曲线。拿一个普通的冰淇淋锥——不是真的，因为切开后会碎，仅是它的形状。把顶点竖起来，这是一个圆锥体。如果你平行于底面，从中间直切过去，你会得到一个圆，它也是一个圆锥体的截面。从一个角度切开，你会得到一个椭圆。现在，只从圆锥体的一侧切开，平行于圆锥体本身的母线(旋转边)，你会得到一个抛物线。最后，平行于圆锥体的垂直轴线，从上往下直切——把另一个圆锥体倒置在第一个圆锥体上，用同样的方法切开——你会得到双曲线的两个曲线。想象一下，你的圆锥体的边缘无止境地延伸，你会看到抛物线和双曲线张开的臂膀向无穷远处伸展。这三种曲线——椭圆、抛物线和双曲线——是一个完美的例子，说明了看似无用的数学谜题能够得到的非凡结果。

在接下来的一个世纪里，阿基米德、著名的佩尔加的阿波罗尼奥斯等人出于对几何的纯粹兴趣，研究了圆锥曲线。

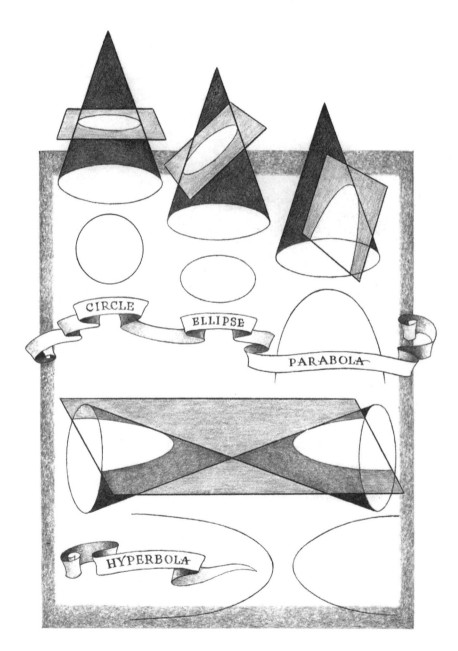

CIRCLE

ELLIPSE

PARABOLA

HYPERBOLA

　　但是，人们花了两千年的时间才认识到圆锥的本质：它是所有天体的运行路径，无论是地球还是其他天体。

　　直到十七世纪，伟大的天文学家开普勒才发现了他著名的定律，即每颗行星绕太阳的路径实际上是一个椭圆。在同一个世纪，伽利略证明了炮弹或任何其他射向空中的导弹都会沿着抛物线行进。不到一个世纪后，牛顿提出了他的牛顿运动定律和万有引力定律。如果牛顿没有深谙阿波罗尼奥斯的圆锥曲线，他不可能制定出这些现代天文学和物理学的基本定律。

　　今天，在阿基米德研究它们的二十三个世纪后，你可以在任何地方看到圆锥，因为它们在科学和工业中有着数不清的用途。

　　你每次投球，球的轨迹都是抛物线。当一股水柱从喷泉中升起，然后回落到下面的水池中，它会被描述为一条抛物线。这条曲线的特性使它对于反射光波和声波很有价值。这就是为什么抛物面反射器被广泛应用于探照灯和汽车前灯、雷达天线、射电望远镜和卫星天线。

　　至于双曲线，物体的太阳阴影一年中在地面上的轨迹就是双曲线，它的应用方式也是多种多样。这种曲线用于LORAN（远程导航），这是一种类似雷达的系统，使飞行员能够在任何天气状况下设置、保持航向。这是通过无线电信号和LORAN"位置线"的双曲线地图来实现的。

因此，梅纳希玛斯从一个"无用"的谜题中发现了对后来的科学和工业非常有用的圆锥曲线。亚历山大的几何学家的伟大实践成就也是如此。

阿基米德对杠杆和浮体的研究是力学的开端。他确定弯曲面积和体积的方法是牛顿微积分的先驱。事实上，希腊时代的理论数学和应用数学都为奠定了现代精确科学基础的艾萨克·牛顿爵士的巨大成就铺平了道路。正如牛顿自己所说，"如果我看得更远是因为我站在巨人的肩膀上"。

因此，梅纳希玛斯在一定程度上是错误的，虽然，没有通往几何的皇家之路，但希腊的几何学巨人们确实修筑了一条皇家之路，无数人在其后的两千年踏上了这条路。

而这个"巨人的时代"即将创造自己的巅峰。

17. 整个地球

我们的古代几何故事在公元前三世纪初达到了尾声，因为当时一位著名的几何学家在有史以来最畅销的数学著作中写下了整个几何理论的主题，不久之后，另一位几何学家完成了最令人赞叹的实践壮举。他利用阴影不仅测量了一座金字塔，甚至还测量了整个地球！

这两件事发生在希腊新首都埃及。

亚历山大大帝建立并以自己的名字命名了这座城市，亚历山大已成为古代世界的主要大都市。到目前为止，它已经是一座繁荣的皇家城市，一个商业中心，也是整个地中海最重要的海港。与此同时，亚历山大也是世界思想中心。

这座豪华的国际大都市是那个时代最优秀的学者和科学家的聚集地。来自许多地方的博学之士在"博物馆"中做出了重大贡献，"博物馆"是一所研究文学、医学、天文学和数学的研究生院，它的宏伟的附属图书馆中存放着近100万册卷轴书籍，那都是人类过去积累的珍贵知识。

图书管理员是一位名叫埃拉托斯梯尼的希腊人，他是一位数学家、历史学家、天文学家和诗人。大约在公元前250年，他在那个时代做了一些不可思议的事情。埃拉托斯梯尼精确地测量了他所居住的星球的周长！

虽然看起来不可思议，但他心里有一个实际的操作方法。作为一位伟大的地理学家，他明白地球是圆的，埃拉托斯梯尼在他的世界地图上列出了他能得到的所有数据和距离。这个计划是当时地中海首次成为"一个世界"的时代典型。那是一个科学家的世界；许多国家的天文学家、数学家和地理学家正在把他们的知识汇总起来。这是一个贸易的世界，有船只和水手，他们需要地图。埃拉托斯梯尼为了使自己的地图更加准确和更具实用性，他想确定纬度的宽度。但要达到这个目的，他必须知道地球的周长。他是如何测量的呢？

夏天的某一天，当他在尼罗河上进行学习旅行时，灵感来了。他兴奋地注意到，在一年中最长的一天，正午的阳光直射在赛伊尼的一口井上，赛伊尼是河上游距离亚历山大约5000 stadia（当时的距离单位）的小镇。他可以看到太阳的形状反射在井底的水面上。但从那里向北到他居住的亚历山大，太阳从未从头顶直射下来。

所以赛伊尼位于北回归线！对于一位地理学家来说，这是

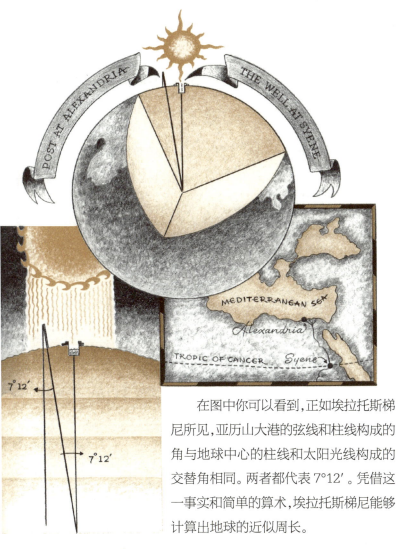

在图中你可以看到，正如埃拉托斯梯尼所见，亚历山大港的弦线和柱线构成的角与地球中心的柱线和太阳光线构成的交替角相同。两者都代表7°12′。凭借这一事实和简单的算术，埃拉托斯梯尼能够计算出地球的近似周长。

最重要的,为了在他的地图上绘制北回归线,他探索了这个地区。

但看到井里的太阳,埃拉托斯梯尼的想象力就被点燃了。仅仅是这一次观察,加上他对几何的了解和他自己思维活跃的大脑,埃拉托斯梯尼就知道该如何确定绕地球的周长。依靠一个影子和一些非常精妙的推论,他达到了这个目的。埃拉托斯梯尼只是测量了赛伊尼和正北亚历山大之间的已知距离——正如骆驼商队和专业的"步数师"所报道的那样——然后在正确的地点和时间测量了一个角度。

在一年中最长一天的中午,他在亚历山大进行了历史性的测量。他知道,就在那一刻,太阳正直射入 5000 stadia 外的赛伊尼的井中,没有投下任何阴影。但在亚历山大,他站的地方,太阳向一根直立的柱子投下了阴影。

于是埃拉托斯梯尼把一根绳子从柱子的顶端拉到柱子的影子顶端。然后他测量了柱子(在顶部)和绳子之间的角度。你明白他为什么要这样做吗?这根绳子代表了投射阴影的太阳光线。他测量了柱子与太阳光线的夹角:这是一个 7°12′ 的角。

现在看看第 159 页的图片,我们在图中把地球切下了一块,你可以看到埃拉托斯梯尼从这个角出发做出的精彩演绎。

他假设了一条假想的线,从赛伊尼的太阳光线穿过井底一直延伸到地球中心，还有一条假想的线是从亚历山大的柱子一直延伸到地心。当然，他认为太阳光线是平行的。因此，在地球的中心，柱线与平行射线的夹角与柱线在亚历山大与射线的夹角相同。（当一条横向线切割两条平行线时，内错角相等。）因此，埃拉托斯梯尼在地球中心形成了 7°12′ 的内错角。剩下的就很容易了。

这个角是 360° 的五十分之一。那么，由于 7°12′ 角所构成的弧长约为 5000 stadia，整个地球的周长一定是它的 50 倍，即约 250000 stadia。

在埃及，每英里[①]大约是 10 stadia，所以他的测量值大约为 25000 英里——与后来几个世纪测量出的地球的实际周长非常接近。

埃拉托斯梯尼的估算在古代是最准确的，这也代表了古代几何或地球测量实用艺术的巅峰。然而，他的同时代人认为他是"二流"的，因为大约在同一时期，在同一座城市亚历山大，居住着另一位几何学家，他的名字比历史上任何一位数学家的名字都更加如雷贯耳。

你肯定能够猜到那个人是谁。他当然是欧几里得。他的代表作《几何原本》在他有生之年就已世界闻名，如今仍是

---

① 注：1 英里约为 1609 米。

经久不衰。自从他写这本书以来，两千多年来，学生们一直在从他的伟大著作中学习初等几何。你今天的几何书大概率就是以它为基础的。

虽然我们并不清楚欧几里得一生中发生了什么事，但我们可以推断出他的勤奋刻苦、想象力、顽强的决心，最重要的是逻辑思维的优势，正是这些优势使他能够把他那个时代在几何领域所获得的一切知识全部汇总起来。

当然，之前也有其他数学家做过这个尝试。但正是他最终将所有主题安排在了一个完整有序的大纲中，这才是人们迫切需要的。

早期的希腊人艰难地利用简单的几何形式找到一些基本的线条、结构和关系规则，以清晰准确地描述自然。后来，随着越来越多的定理的建立和问题的解决，证明和思想如雨后春笋一般冒出来。到这个时候，人们迫切需要一个可以被希腊几何学家和他们从小亚细亚到西西里岛的学生接受和使用的总结材料。

亚历山大的欧几里得写了那样一本书，它远不只是一本教科书，也是一件艺术品。他用数学的拼图创作了一幅清晰美丽的图画。他从泰勒斯发现的最初原理出发，逻辑清晰地追溯了几何的真相。他用一个接一个的事实建成了一座宏伟的大厦。我们经常谈到艺术中的数学。但《几何原本》向我们展示了相反的一面——数学中的艺术。

泰勒斯和毕达哥拉斯就好像是从大自然中开采出了巨大的大理石板的人，在随后的几个世纪里，许许多多的人对每一块大理石都进行了雕刻和抛光，直到最后欧几里得将其整体组装成一个简单完美的结构，它就像任何一座希腊神庙一样漂亮。

《几何原本》讲述了一个时代的历史。因为在编纂的过程中，欧几里得仔细地收集、整理并记录了前几个世纪的工作。他的书包含了希腊古典时期的大师的思想。这是一个不可或缺的美丽和有用的定义和定理的集合。这种编排甚至超过了内容本身。

从开始到结束，欧几里得的《几何原本》都是通过严格的演绎推理将几何知识结合在一起的。从选择一些明了的公理（公认的共同概念）开始，他一步一步推导出最精妙的证明。也许没有其他的作品能够表明，仅仅凭借推理就能获得如此多的知识。因此，多年来，他的书一直被用来进行逻辑思维的训练，不仅是数学家，哲学家、逻辑学家、律师和政治领袖也喜欢阅读这本书。所有领域的真理探索者都对这本书探究真理的形式和过程进行了研究和模仿。

但这些只是欧几里得独特成就的部分亮点。通过撰写《几何原本》，通过将一切事物组合在一起，持久的逻辑形式形成了，他将整个希腊的几何学成就几乎原封不动地传给了后人。

伴随着欧几里得不朽的《几何原理》，我们结束了我们在古代世界的几何之旅。这个故事从原始的猎人一直讲到了亚历山大大学的学者。我们看到古代人利用早期的实用艺术，逐渐学会报时、布置田地和开凿灌溉沟渠；设计和装饰住宅、寺庙和坟墓；记录太阳、月亮和行星的运动。我们看到商人泰勒斯制定了第一个抽象规则，神秘的毕达哥拉斯们研究形状，并试图将几何与数字联系起来。最后，我们看到了影响黄金时代的哲学和艺术的希腊几何学家，他们奠定了希腊化和现代科学的基础。从开始到结束，这是人类思想的一次伟大冒险。从石器时代到埃拉托斯梯尼和欧几里得，这一切只通过绳子、直尺和阴影就完成了。